王春晓　郭铁军　著

衣观传统

中国纺织出版社

图书在版编目（CIP）数据

衣观传统 / 王春晓，郭铁军著．—北京：中国纺织出版社，2018.5（2023.4 重印）

ISBN 978-7-5180-4864-9

Ⅰ．①衣… Ⅱ．①王… ②郭… Ⅲ．①服饰文化—研究—中国 Ⅳ．①TS941.12

中国版本图书馆CIP数据核字（2018）第068242号

策划编辑：余莉花　　　责任印制：王艳丽
版式设计：余莉花

中国纺织出版社出版发行
地址：北京市朝阳区百子湾东里A407号楼　邮政编码：100124
销售电话：010—67004422　传真：010—87155801
http://www.c-textilep.com
E-mail: faxing@c-textilep.com
中国纺织出版社天猫旗舰店
官方微博http://weibo.com/2119887771
大厂回族自治县益利印刷有限公司印刷　　各地新华书店经销
2018年5月第1版　2023年4月第7次印刷
开本：889×1194　1/16　印张：14.5
字数：182千字　定价：68.00元

寻传统之道（代序）

　　千百年来，服饰一直受到传统文化的制约，传统文化始终是人们的思想意识、行为方式方面的指路灯、方向盘。人们在哪个季节、怎样的年龄、怎样的场合、怎样的身份，如何穿戴和配饰等，无不受到传统文化的制约。越是进入到文明时期，就越加明显，穿着打扮成了传统社会伦理道德的载体和表征。

　　人与服饰在传统道德上是协调和统一的，也就是主体与客体，人与环境，人的自然性、社会性与动物性，人的心理、精神自尊与肉体尊严要求的和谐统一。广义上说它所涵盖和包容的不仅仅是儒家思想、程朱理学、仁义礼智信、三纲五常、道德规范、等，还受到宗教习惯、民风习俗、民族传统等诸多范畴对传统观念根深蒂固的影响，从而在服饰上表现出来。

　　服饰的基本功能至少有三个层次：第一个层次是避身、遮羞、掩丑；第二个层次是保护、装饰、美化；第三个层次是尊卑、等级、规范，这三个层次上都包含着丰富的伦理学涵义。据《圣经》里说，上帝创造了亚当和夏娃，让他们住在伊甸园内，虽然都是赤身裸体，可是他们对两性区别懵然无知，因而也不会了解羞耻。他们不幸被蛇引诱吃了禁果，这才感觉到在异性面前裸露身体非常不好意思。后来他们被上帝赶出了伊甸园，来到这世间，成了繁殖人类的祖先。这是西方的传说。我国的古书记载没有那么罗曼蒂克的故事，注重强调服饰的伦理意义和思想内涵。班固在总结今文经学的《白虎通义》里这样解释"衣裳"："衣者隐也，裳者障也，所以隐形自障蔽也。"他用音训法解释字义，认为衣裳的作用是把肉体遮蔽起来。《释名·释衣服》说："上曰衣，衣依也人所依以芘寒暑也；下曰裳，裳障也所以自障蔽也。"谈到上衣时，强调了衣服御寒防晒的使用功能；谈到下裳时，又强调了衣服遮羞的伦理功能。

由于各个民族的生存环境有很大的差异，或高山大海，或平原沙漠，或冷或热，生存环境的不同境遇，决定了各民族服饰的款式颜色、保护倾向、伦理要求的差异。但是，各民族服饰相同的伦理学意义在于：服饰成为人类躯体文明物化的符号，承载、表达和传递着躯体的各种信息，包括伦理学信息。对身体进行或善或恶的"评头论足"，人们对躯体的伦理认识表象化了，我想这是文明的代价。

服饰具有双重作用和意义：一方面与不同民族、不同时代的物质文明相联系，另一方面又与不同民族、不同时代的精神文明相联系。例如在中国，服饰受历朝历代政治、经济、思想、文化的影响，成为社会的一种语言，受传统道德的影响和约束。随着时间的推移，中西文化的交流越来越多，一些新的理念、新的尝试正在颠覆着早已习惯的服饰上的伦理道德、宗教信仰、民风习俗等诸多范畴。旧的限制该何去何从，新的颠覆又该从哪里展开？衣观传统由表及里，由形式到内容，展示出了许多新课题，亟待我们去讨论和研究，这也是笔者撰写本书的初衷。

目录

一、礼信篇

（一）仁礼施人乐为"仁"，文质彬彬君子然

孔子是我国奴隶社会晚期向封建社会过渡这一大变革时期的思想家，他认为服饰不可以不分贵贱、随意为之，这种思想形成了儒家服饰观的基本准则。再者他以"仁"释"礼"，使"仁"渗入到个体的人格之中，以利于社会的和谐发展，认为服饰应该具有启发、陶冶人们性情，使人乐于为"仁"的社会功能，并力求社会伦理规范和个体的心理欲求交融统一在服饰上体现，使服饰成为统治中的有力工具。这是儒家哲学思想影响中国服饰观念的一个主要且突出的表现（图1-1-1）。

图1-1-1 孔子像拓本

孔子（前551－前479）：春秋末期思想家、政治家、教育家，儒学学派的创始人，他的儒教思想在《论语》中集中体现，主张君子要注重个人的修养，提出"质胜文则野，文胜质则史，文质彬彬，然后君子（《论语·雍也》）"的观点。

孔子要求服饰在讲其形式美的同时，要针对"君子"的个人修养提出形式与内在的关系。孔子提出："质胜文则野，文胜质则史，文质彬彬，然后君子。"他所说的"文"指一个人的服饰美，"质"指一个人资质的美。孔子曾经评论：士有五种"失其美质"的行为：一曰"势尊贵者"不爱民性义而"暴傲"；二曰"家富厚者"不救贫赈穷而"奢靡无度"；三曰"资勇悍者"不保卫君主奋力攻战而"侵凌私斗"；四曰"心智慧者"不正正当当出点好主意而"事奸饰诈"；五曰"貌美好者"不治理政事接近民众而"蛊女纵欲"（《韩诗外传》卷二）。可见孔子认为贵而能义，富而能仁，勇而能忠，智而能端，貌美而能正，都属于"美质"。凡有这些美质的人，再加上美的服饰，就是文质彬彬的君子了。

《荀子·子道》记载：子贡的轩车进不去穷巷，就骑了高头大马，天青色里衣，外罩白衣，去见老同学原宪。原宪戴的是桦树皮做的冠，穿的是没跟的鞋，扶着仗来开门。子贡说："嘻，先生何病？"这里的"病"和"惫"是一个意思，是精神不振足的意思。原宪回答说："宪文之，无财谓之贫，学而不能行谓之病。今宪贫也，非病也。"子贡听了，原地徘徊，十分惭愧。子贡回去后"终身耻其言之过"。

一天，子路穿了非常气派的衣服去见孔子，孔子教训他说："你衣服太华丽，满脸得意的神色。天下还有谁肯向你提意见呢？"子路听了，赶快走出去，换了一身合适的衣服进来，人即显得谦和了许多。孔子要他记住：爱表现自己的人，是小人而不是君子，只有真正具有真才实学同时又诚实，具有仁、智的人才算得上君子。此一番对子路的教诲，说明平时不必穿着盛装，服饰要适合时宜、场合。从中不难看出孔子的穿衣着装要求，认为服饰要合乎"礼"的要求，不同身份的人在不同场合、不同时候应该适度着装，只有这样才能体现出社会制度的有序和本人的综合修养，才符合社会规范（图1-1-2）。

图 1-1-2　孔子讲学图

《史记·游侠列传》一方面对短褐之人中的侠客给予极高的赞扬，同时也对读书人给予极高的评价。其对孔子的弟子公晰哀（字季次）、原宪（子思）评价是："季次、原宪，闾巷人也，读书怀独行君子之德，义不苟合当世……终身空室蓬户，褐衣疏食不厌。"这种志节清高的人格境界，是古今君子永恒的追求，令后人对他们，也对太史公司马迁高山仰止。"褐衣疏食"饱含君子之德，但后人不知来历，只把它当做穷苦生活的写照，引用时不再含有节操的评价。如果说孔门弟子公晰哀、原宪的生活贫寒，以致"褐衣疏食"，那么孔门的另一个弟子子夏则更差一些。《荀子·大略》中称子夏"衣若县（悬）鹑"。意思是说，子若的衣服破烂得像鹌鹑一样。鹌鹑是一种鸟，羽毛杂乱，上面的条纹像一块块补丁，尾是秃的，用它来比喻衣服是为了突出衣色的灰暗、破烂且补丁相连。孔子的弟子为什么会这样呢？荀子是这样说的："古之贤人贱为布衣，贫为匹夫，食则饘粥不足，衣则竖褐不完。然而非乱不进，非义不受，安取此？子夏贫，衣若县鹑，人曰：'子何不仕？'曰：'诸侯之骄我者，吾不为臣；大夫骄我者，吾不复见。'"这段话的意思是说：古代的贤圣之士贫贱而为穷人，连稠粥都吃不饱，粗麻褐衣都不完整，然而不接受不义之财，为什么会这样呢？以贫穷的子夏为例，人们问他为什么不去求得功名？子夏说，诸侯对我傲慢的，我不去称臣，大官对我高傲的，我不会再见他。这正是古代贫寒之士的风骨。

其实，如何给自身的服饰定位，是观念使然。社会经济发达的水平是基础，社会审美价值是标准，内质外美一致才有和谐，才是追求服饰美的真谛。

（二）华夏深衣舒广袖

传说有一天，孟子突然从外面回到家里。一推门，见到夫人一个人在家。她大概是劳累了很久，想要暂时休息一下，便箕踞而坐，结果正巧被孟子看到。孟子摔门而出，找到母亲说："我媳妇没有礼貌，我要休了她！"孟母并不是偏听偏信、一味袒护儿子的人，她早年断织、三迁、买东家豚肉的故事，都是千古佳话。于是她问道："媳妇怎么没有礼貌了？"孟子答："她箕踞而坐！"孟母问道："你怎么知道的？"孟子答："我亲眼所见。"孟母说："这是你没有礼貌，不是媳妇没有礼貌。《礼记》中讲，将要入门，先问一声谁在；将要上堂，要先扬声报到；将要入户，眼睛的视线要朝下。不要让屋里的人事先没有准备。如今，你来到卧室，进门前没有说话，结果媳妇箕踞而坐被你看了个正着。这是你没有礼貌，并非媳妇没有礼貌。"孟子是明白人，更是孝子，想清楚之后，遂不敢休妻（《韩诗外传·卷九》第十七章）。

那什么是"箕踞"？为什么孟子看到夫人箕踞就如此恼怒，以至于要把夫人赶出家门呢？这就要从春秋战国直到汉代最为流行的常服"深衣"说起了。

离那个时代相距不远的东汉大儒郑玄都弄不清楚的深衣，我们现代人怎么会明了呢？值得庆幸的是人们可以从出土文物中窥探到中国古代服饰的真容。从湖北江陵马上1号楚墓、湖南长沙马王堆1号汉墓中相继出土的保存完好的丝制服装，为我们提供了很好的实物样本。河北平山出土的战国中晚期中山王国墓葬中的一件银首人形灯，更向我们展示了深衣的风采（图1-2-1）。

图1-2-1　银首人形灯　战国

1976年河北省平山县中山王墓出土的这件银首人形铜灯是战国时代灯具中的杰作，由银、青铜制成，高66.4厘米，其结构和装饰技巧均十分完美，是我国古灯中的珍品之一，为我们研究深衣提供了依据。现收藏于河北省文物研究所。

深衣可以简单地理解为长袍，在当时的流行服装中，是一种比较突出的式样。它将上衣、下裳合为一体，连成一件，虽然不合乎人体的曲线，但男女款式显得既大气磅礴，又不失阴柔娇媚。深衣的款式多种多样，宽博型、窄小型，可以根据体型和喜好不同而进行选择。深衣最大的一个优点是穿着方便，既利于活动，又能严密地包裹住身体（图1-2-2）。"既可以为文，又可以为武；既可以傧相，又可以治军旅。"因此，深受社会各界人士的喜爱，一时间，不分尊卑，不分男女，无论是诸侯、士大夫，还是知识分子、普通老百姓都竞相追赶这

图1-2-2 穿深衣的楚国妇女（按照湖南长沙楚墓出土彩绘木俑摹绘）

楚墓出土的陶俑中多数穿直裾袍，而此图中的袍式长者曳地，短者及踝，袍裾沿边均镶锦缘。袍身纹饰为雷纹和重菱纹，重菱纹又称"杯纹"，因它形似双耳漆杯或称为"长命纹"，取长寿吉利的含意。

一潮流。深衣缝制起来比较容易，可以充分地利用布料。深衣的制作过程是先把上衣下裳做出来，然后在腰间处缝合。深衣把以前各自独立的上衣、下裳合二为一，却又保持一分为二的界线，上下不通缝、不通幅，既独立又统一。深衣一般裁剪成12幅，来表示一年有12个月的意思。深衣的领型有交领和绕领两种，袖口有直袖、斜开袖、敞口大曲袖、垂曲袖（袖口小，袖筒大）、收口小曲袖，深衣的下摆一直垂到脚踝（图1-2-3）。

古代把前交领下方的衣襟叫"衽"，左衣襟在外的叫左衽，右衣襟在外的叫右衽。左衽一般指的是少数民族人穿衣服的方法。把衣服前后的部分叫"裾"，也可指衣服的大襟。深衣的前襟要接长一段，从前面一直绕到背后，做成斜角的样式，也

图1-2-3　木俑　楚国
木俑衣着为绕襟、织彩曲裾深衣。

就是设计一幅向后交叉互相掩盖的曲裾，这样既便于行走，又不至于露出里面的衣服。可几千年前，人们的内衣仍不完备，还没有发明出我们现在的裤子来遮掩私处，人们再怎么注意，以上衣下裳为外衣时，下体靠裳遮蔽，深衣"衣裳相连"，如果大襟牵拉到右腋即止，那么坐、行之时大腿以至私处就会显露出来，十分不雅。所以，衣襟必须足以绕至身后才足以保暖、遮蔽，当然多缠绕几周就更能达到这样的目的。一般来说，男人穿的深衣曲裾比较短，只能向身后斜掩一层，而女人穿的深衣曲裾较长，可围绕身体缠绕好几层，在前襟下面还垂下一条三角形的右襟斜衽。其目的很明确，就是为了满足礼制对女人

图 1-2-4　妇女的曲裾深衣　楚国
穿袍服的楚国妇女（湖南长沙陈家大山楚墓出土帛画）。这幅帛画是我国现存缣帛画中最早的一幅作品，在中国美术史上占有重要地位。

图 1-2-5　妇女的曲裾深衣，曲裾袍服展示图（参考出土帛画复原绘制）战国

　　这件曲裾深衣改变了过去服装多在下摆开衩的裁制方法，将左边衣襟的前后片缝合，并将后片衣襟加长，加长后的衣襟形成三角，穿时绕至背后，再用腰带系扎。

不露内衣与身体的要求（图 1-2-4、图 1-2-5）。

　　说到这里，我们就不难理解孟子为什么见了夫人箕踞而坐便那么生气了。"箕踞"的姿势就是两腿脚前伸，两膝微曲而坐，因为整个人坐的形象像一个簸箕，故叫"箕踞"。其实在今天是无关大雅的举动，可对于几千年前无内裤可穿的古人则是如同袒裸，是非常无礼且不雅的行为。尚秉和《历代社会风俗事物考》中说："古因下衣不全，屈身之事皆跪行之，以防露体。箕踞或露下体，故不论男女，以为大不敬"。正确的坐姿应该是两膝着地，脚背朝下，臀部靠在脚后跟上，模样几乎和"跪"没什么区别，非常辛苦（图 1-2-6）。

　　春秋时期的深衣大多用白色细麻布制成，战国以后则多以

图1-2-6　女跪坐俑　西汉

此为灰陶彩绘妇人俑，其身着三重直裾深衣。跪姿，头发后挽，上端有结。

彩帛制作，衣服的领、袖、襟、裾等部位通常都以彩锦缘边（图1-2-7）。深衣的颜色受伦理思想的影响很深，一般说来，如果父母、祖父母全都健在的，就穿绿色的深衣（图1-2-8）；父母健在，而祖父母不健在的，或父存母亡的用青色；父亡母存用素色；平常衣料的颜色要避免用素色，是对父母表达孝心的一种方式（图1-2-9）。当时南北各国因为文化意识的不同，深衣的款式也不相同。北方衣袖窄长，上衣紧贴身体，下面的衣裾宽大曳地。而南方仅楚国的深衣款式就有多种：衣袖肥大而下垂，袖口突然收紧，衣裾的下部宽大而拖长；还有一种式样，袖子从肩部向下开始变窄，形成一种细长窄小的袖口，衣裾拂地不露足。此外，楚国还拓展了深衣的款式，像皇室流行的九头鸟礼服就是在深衣的基础上演变出来的款式，它的样式

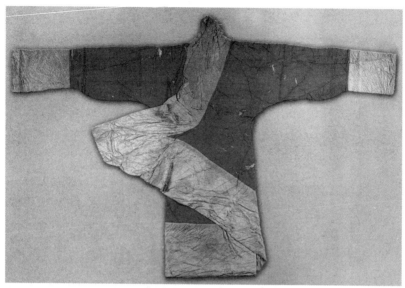

图1-2-7　朱红菱纹罗丝棉袍　西汉早期（公元前206—公元25年）

　　此袍出土于马王堆1号汉墓。衣长140cm、通袖长245cm、腰宽52cm，此袍上衣下裳相连，衣领相交，衣襟由左向右折到右侧身旁。这种款式在西汉早期贵族妇女中广为流行。

图1-2-8　印花敷彩纱丝棉袍　西汉早期（公元前206—公元25年）

　　此袍出土于马王堆1号汉墓。衣长132cm、通袖长228cm，面料为印花敷彩纱，里、袖、领、缘为绢，内絮丝绵。缝制形式与其他丝棉袍相同。

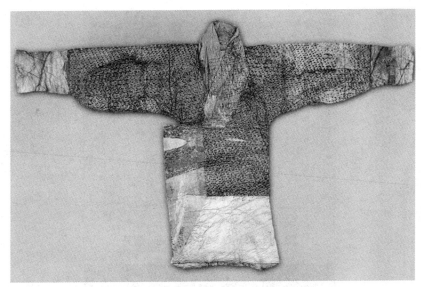

图 1-2-9　赭黄纱地印花敷彩直裾式丝棉袍　西汉

图 1-2-10　文臣像　北魏

陶俑人物头戴小冠，似蹲踞论政。

图 1-2-11　妇女衣裙示意图　战国

图 1-2-12　妇女的绕襟深衣　西汉

此画中的妇女在脑后挽髻，髻间插有首饰，中间老妇为辛追夫人，发上插有珠玉步摇。每人所穿的服装，尽管质地、颜色不一，但基本样式相同，都是宽袖紧身的绕襟深衣。衣服几经转折，绕至臀部，然后用绸带系来。老妇穿的服装，还绘有精美华丽的纹样，具有浓郁的时代特色。在衣服的领、袖及襟边都钉有相同质料制成的衣边，与同墓出土的服装实物基本一致。此为辛追墓 T 形帛画局部，出土于马王堆 1 号汉墓。

大多是直裾右衽，并配有腰带，颜色丰富，而且还有花纹（图1-2-10～图1-2-12）。

　　"绕襟谓裙"在楚国也相当流行，它用料轻薄，把人体的美用另外一种方式体现了出来，在一定程度上解决了深衣的不足。"绕襟谓裙"就是宽边的下身缠绕式的肥大衣服，这种缠绕是将前襟向后身围裹的式样，比普通深衣更具美感和欣赏价值。为了防止薄衣缠身，"绕襟谓裙"利用横线与斜线的空间互补，产生了静中有动和动中有静的装饰效果，还采用平挺的锦类织物镶边，边上再装饰云纹图案，也就是所谓的"衣作绣，锦为沿"，将实用与审美巧妙地结合起来。深衣一直流行到东汉时期，魏晋以后才不再流行。但是，它的影响却是极为深远的，现在的许多服装款式，如长衫、旗袍和连衣裙以及日本的和服都是深衣的遗制（图1-2-13～图1-2-15）。

图1-2-13　日本和服

　　这种渊源于中国深衣的日本和服，衣服左边放在上面，重叠在衣服右边上，通常他们会重复穿上好几层衣服，最后会在腰部绕上很宽的腰带。日本和服都会绘绣很多精美的图案，并具有不同的意义，根据场合的不同，穿上不同颜色和图案的和服。

图 1-2-14　日本和服

图 1-2-15　日本和服

（三）"君子死，冠不免"，断缨却嫌收人心

孩子们总是盼望着长大的，在古代作为长大成人的标志，女子是在15岁行"笄礼"，男子一般是在20岁行"冠礼"。

所谓"笄"就是固定头发的簪子，女子的"及笄"之礼就是在15岁时举行一个仪式，把女子的头发梳成成人的发髻，表示女子已然成人，可以许嫁了（图1-3-1）。已经许嫁的女子举行笄礼比较隆重，要宴请宾客。没有许嫁的女子，笄礼比较简单，请一位妇人给行礼的女孩梳一个发髻，插上发笄就可以了。仪式过后，取下发笄，依然恢复原来的丫髻。笄礼的形式一直保持到宋代，明清时已无此习俗，但仍有"上髻"风俗，是在女子出嫁时的一个环节，应是及笄之礼的遗风。在今天，及笄这个词依然存在，"及笄"之年，指女子15岁（图1-3-2）。

与女子的笄礼相比，男子的冠礼要隆重得多，这是古代男

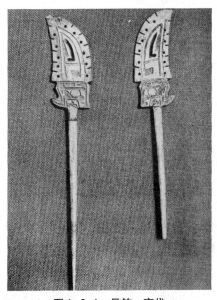

图1-3-1　骨笄　商代

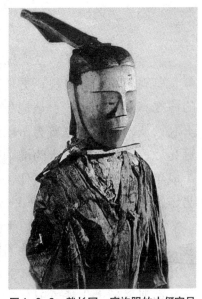

图1-3-2　戴长冠、穿袍服的木俑官员

图 1-3-3　青铜人形车辖　西周

尊女卑观念的一种表现，更是古人对冠这种服装形式极端重视的体现。冠礼从形式上是把男子的头发整束成成人的发髻，戴上冠，从内涵上标志着男子已经成人。《礼记·冠义》说：行冠礼后，孝悌忠顺的行为准则便可确立，这以后就可以作为一个成年人，担当起社会责任了。从实际意义上讲，行冠礼后，男子就可以结婚了（图 1-3-3）。

　　冠礼的仪式十分烦琐，大致分为占卜、挽髻、加冠三个步骤。遇大事占卜，是古人的习惯做法。占卜被称为"卜筮"，《礼记·冠义》称："古者冠礼，筮日筮宾"，意思是说举行冠礼前要通过占卜选定时间和邀请的宾客。冠礼的重要性还表现在行礼地点必须在庙堂，士人举行冠礼在父庙中进行，诸侯举行冠礼在太祖庙中进行，天子举行冠礼在始祖庙中进行，这是最高规格的礼仪安排。主持冠礼的是受冠者的父亲，举行冠礼之日，如果受冠者是正妻所生的儿子（嫡子），这位父亲要在祖庙东阶偏北设置好受冠者的位置；如果不是正妻所生的儿子（庶子），则在房户外南面举行冠礼。嫡子为什么在东阶加冠呢？因为东阶在古代是主人接待贵宾的位置，嫡子在这里加冠，就是向大家表明此后这个儿子可以代替父亲接待来宾（图1-3-4）。

在冠礼仪式上，主人摆放好挽髻用的工具，即梳头的箆

图1-3-4　尖顶棕色毡帽　西周

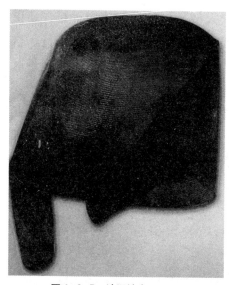

图 1-3-5　漆䌷纱弁　汉代

此漆䌷纱弁，称武弁，又叫武冠或武弁大冠。在汉代文官带进贤冠，武职戴的就是这种武弁。

子和古代束头发的绸子，多用黑色，宽二尺二寸，长六尺。冠礼开始后，辅助加冠的来宾将受冠者请到受冠的席位上，并为他梳头、挽髻、加簪。加冠由来宾中最有威望的人负责，分三个步骤完成。第一步是加缁布冠，这是一种黑麻布做的冠，是周朝始祖戴的一种冠式。第一道冠用缁布冠目的是表示怀念古人，不忘祖先，但缁布冠只在冠礼上戴一下，日后就不用了。第二

图 1-3-6　万历皇帝的冕冠　明代

图1-3-7　女用小金冠、女用金冠、女用银冠、女式银冠　明代

步是加皮弁冠，这是用白鹿皮做成的冠式，也是周朝祖先在打
猎、战斗时所用，西周建立后被用作朝冠。给受冠者加皮弁冠，
其内在的意思是希望他勇武善战（图1-3-5）。第三步是加
爵弁冠，也称确弁冠，这是仅次于天子所用的冕的一种礼冠，
属古代祭服的一部分，为受冠者带上这种冠是表明他从此有了
在宗庙参与祭祀的权利（图1-3-6、图1-3-7）。

　　加冠完毕，受冠者改为站在西阶东南方向，负责加冠的来
宾在东面为他授"字"。字是由亲友根据受冠者之名的字义另
取的别名。过去，人们相互往来以字相称，直呼其名是不尊重
对方的表现。一直到新中国成立初期，人们还是在名之外另外
取字，但今天这种传统已然消失，以致人们不解"名字"一词

图 1-3-8　高翅鎏金双翅银冠　元代
内蒙古自治区哲里木盟陈国公主墓出土。

图 1-3-9　鎏金银冠　元代
内蒙古自治区哲里木盟陈国公主墓出土。

中的"字"是什么意思，好像"字"和虚词"子"一样没有意义，不少小学生把"名字"写成"名子"而不知为什么错了。"冠而字之"（"冠"与"字"都是动词）以后，整个冠礼就基本结束了，从此男子可以择偶成婚。与一般士人加三次冠不同，诸侯的冠礼，还要多加一次玄冠，而天子的冠礼则要加五次冠，即还要加衮冕（图 1-3-8 ～图 1-3-10）。

　　在春秋战国时期，冠不仅是成年男子和"童子"的区别，它还是君子的象征。冠不只是头上之物，还是"礼"与"非礼"的界限，是文明与野蛮的区别。有一次，齐景公很随便地披着头发，乘着马车，带着自己的宠姜，打算出游，刚刚走出宫中的小门，就碰到一个因为犯罪而被砍掉双脚的人。那人一见齐景公这副打扮就用石头打齐景公的马，一边打，还一边骂："你不是我的君主，我的君主不会像你这样披散头发。"齐景公见状，无话可说，不得不灰溜溜地打道回府，第二天都没有脸去上朝。冠在当时人们心目中地位由此可见一斑。

　　古代儒家的礼教，在仪容服饰上要求很严，把服饰正不正看成一个人能不能立足于上层社会的大事。孔子说："见人不可以不饰。不饰无貌，无貌不敬，不敬无礼，无礼不立（《孔子集语》引《大戴礼·劝学》）。"何况一定的服饰要求，代表一定的社会身份，因而衣冠不整，君子是引以为耻的。孔子的得意门生子路，甚至把正冠看得比生命还重要（图1-3-11）。

　　公元前480年，卫国发生了一次政变。当时子路和另一个孔门弟子子羔，都在卫国执政大夫孔悝手下做邑宰。卫国有一个已经失位的太子蒯聩，他曾因图谋弑母未遂，逃亡在外15年，此时买通了人混回国来，用五个全身甲胄的武士挟持孔悝，逼他立下盟约，登台宣布立自己为国君。子羔见势不妙，奔鲁国回到孔子身边去了。子路是个被孔子称赞过"好勇"的人，性格刚强，为人正直，听到这个消息，不顾个人安危，推门直入公庭，扬言要焚台迫使蒯聩放下孔悝。蒯聩着急忙慌派两个武

图1-3-10　金丝翼善冠　明代　　　　图1-3-11　万历皇帝乌纱翼善
此冠通高24cm，口径20.5cm，重826g。现　冠　明代
藏于北京定陵博物馆。

士来对付子路。双拳难敌四手，何况是徒手搏击全副武装的人？子路一下子就吃了亏，被武士挥戈打断了结冠的缨带。冠带一断，冠就要掉下来。子路高声叫道："君子死，冠不免！"在穷凶极恶的对手面前一不还击，二不逃跑，最要紧的事竟是结缨正冠。其结果可想而知，必然是"从容就义"了。《左传》哀公十五年记了这件事后，紧接着提到孔子听说卫国动乱以后的话："自羔回来了，子路要死了。"知徒莫若师，孔子对两个弟子在卫国动乱中的表现，估计得完全正确。古代的冠，不是人人可以戴的。庶民、奴隶不必说，就是贵族青年，也要到20岁才行冠礼，表示从此结束"垂髫"的少年时代，束发戴冠，宣告已经长大成人了。

古代的"君子"们把正冠看得很重要，是可以理解的。但在我们今天看来，子路结缨而死，那点捍卫个人尊严的精神虽然颇为可敬。但"君子死，冠不免"也未免太过于迂腐，但是在这一点上楚庄王"断缨却嫌"的故事，表明了他为官从政的豁达和高超的用人之道（图1-3-12）。

一次，楚庄王夜宴群臣，殿上的灯烛忽然灭了，顿时一片漆黑。这是有个臣子趁机做了件不体面的事。据《韩诗外传》记载是牵了王后的衣服，据《说苑·复恩》记载则是扯了楚庄王身边美人的衣服。这位王后美人也很机警自重，立即还手拉断了这个人的冠缨，并且向楚庄王"举报"。这时只要灯火复燃，胆敢调戏王后或美人的人无可逃遁，必然当众出丑，甚至要被治罪革职。楚庄王如要斥责他是"衣冠禽兽"，正之以法，也没有什么不可以。但楚庄王是个有作为的国君，他听了王后或美人的申诉后不动声色，趁黑命令所有在场的臣子都把自己的冠缨扯断，烛明以后，继续宴饮尽欢，一下子就把那个好色的臣子遮盖过去了。当然，那时的场面是很不雅观的，酒席之上，大臣们个个冠歪缨断，极其失态，毫无礼仪可言。后来吴国攻楚，楚军中有一人出死力冲锋陷阵。庄王夸赞之余有些不

25
礼信篇

图1-3-12 七梁冠 明代
明代朝服之制，文武官员凡遇大祀、冬至等主要礼节，无论职位高低，都戴梁冠，着赤罗衣裳，以冠上梁数及所佩带绶分别等差。

图1-3-13 乌纱帽 明代
明代洪武三年规定：凡常朝视事用乌纱帽，着团领衫束带。

解便问他，他说："臣，先殿上绝缨者也。"看来，楚庄王的豁达虽然有违礼教，却收得了人心。

一段"冠冕堂皇"的故事，彰显了漫长的古代社会中崇尚"行冠以立人，加冕以治人"的礼信典制。一个"断缨却嫌"的故事告诉人们的是：豁达大度与礼教之间有度有节，催得臣子奋勇杀敌，显示了为官从政的豁达和高超的用人之道。在这里冠、缨原本是服饰上的"一部分"，却展示出了服饰文化的大空间（图1-3-13）。

（四）不要"领袖"，半臂将衫

现代暑热之日，人们多穿半袖上衣，也称短袖衬衫，衣袖止于肘部，取其凉快透风。在从汉代到明清的近两千年间，衣

图1-4-1　襦裙、半臂穿戴展示图　隋唐

半臂又称"半袖"，是一种从短襦中脱胎出来的服式。一般为短袖、对襟，衣长与腰齐，并在胸前结带。样式还有"套衫"式的，穿时由头套穿。半臂下摆，可显现在外，也可以像短襦那样束在里面。

袖减短一半的上衣样式一直存在，称为"半袖"或"半臂"，望其名可知其义（图1-4-1）。不过，古代穿半袖并不像现代那样双臂赤裸，而主要是将半袖穿在长袖上衣之外，这倒和时下的少男少女将短袖T恤套在长袖T恤之外的时髦穿法相似。而古代半袖产生的理由，也许和当代青年的思想一致，在气温已高但尚不燠热之时，这种穿法保暖适度、利落方便、便于配色、形态别致，否则我们怎么解释这种"床上施床"的穿法呢？

关于半袖，最早记录见于东汉初年。《后汉书·光武帝本纪》有道："三辅吏士东迎更始，见诸将过，皆冠帻，而服妇人衣，诸于绣镼，莫不笑之，或有畏而走者。""诸于"即"襜褕"，唐李贤作注称："字书无'镼'，据此，即是诸于上加绣，如今之半臂也。"可见人们笑话以致避而走之的原因是绣裾，认为这种袖口施以折裥绣边的半袖之衣为女人外衣，男人怎能穿得？

在历史上曾发生过一段裁断袖子的故事，汉哀帝刘欣继大汉帝位第二年，21 岁的刘欣与 18 岁的太子舍人董贤，相遇于殿堂之前，四目相对，一见生情，两个男子沉浸于爱河。刘欣示爱的方式是封官赏赐，董贤官至大司马，位列三公；董贤表达的方式是出则参乘，入御左右，常与上卧起。"尝昼寝，偏藉上袖，上欲起，贤未觉，不欲动贤，乃断袖而起，其恩爱至此（《汉书》）。"一次，两人白日拥眠，董贤枕压在刘欣的袖子上，刘欣欲起，董贤未醒，刘欣不想惊动董贤，于是割断袖子得以起身，两人的恩爱可见一斑。这段断袖一事的发生时间与人们嘲笑绣裾为妇人之服是如此接近，两者有没有联系？我们不得而知。只是半袖在魏晋南北朝时成为男服，妇女穿用的反而不多。而正是在魏晋南北朝，同性之间的爱也从帝王之好渐渐为士大夫及社会民众所接受，并多有歌咏之词。这些服装和性爱上的变化表现了魏晋南北朝时期的开放性和包容性。

进入隋代，女性穿半袖增多，唐代半袖更为普及，多称为"半臂"，男子也喜穿着，唐玄宗在赏赐安禄山的衣服中就有半臂。我们可以在很多历史形象资料上看到"半臂"，陕西乾县唐永泰公主石椁上的初唐宫女着半臂的形象很是动人。唐时的半臂多为对襟短衣，长仅及腰，多以织锦制成，锦质地厚实，具有一定的御寒功能。唐代的半臂除套穿在长袖外衣之外的穿法，还有一种奇怪的穿法，就是把半臂穿在袍衫之内，使半臂内衣化了，这让我们想到了汗衫背心（图 1-4-2）。其实，唐代之后，半臂由单衣转为可加充丝绵御寒的棉衣，如南宋诗人陆游《微雨》："……忽吹微雨过，便觉小寒生……呼童取半臂，吾欲傍阶行。"半臂已为乍暖还寒时节随时加减的御寒之服。与现代汗衫背心相近的服装，在中国古代还有几种形制。

图1-4-2　穿襦裙、半臂、披帛的陶俑妇女　唐代
披帛又称"画帛"，通常由轻薄的纱罗制成，上面印画图纹。长度一般为二米以上，用时将它披搭在肩上，并盘绕于两臂之间。走起路来，不时飘舞，十分美观。

图1-4-3　戴兜鍪、穿两裆铠的武士（加彩陶俑）　北魏　现藏日本京都博物馆

汉代出现的"裲裆"是背心的原形，借鉴了戎装的铠甲形制（图1-4-3）。胸前一片，后背一片，肩上用带子相连。唐代流行的一种"袔裆"，袖短仅掩肩，可言是无袖，套头穿下，与今日背心更是接近，且其名与今日"坎肩"近似。"坎肩"一词出现在宋代以后，徐珂《清稗类抄·服饰》："汉时名绣，即今之坎肩也，又名背心。""坎肩"是背心的别名，与之相类似的称呼还有"绰子""搭护""比肩""背褡""紧身"等（图1-4-4～图1-4-7）。

宋代背心流行最盛，在传世名画《清明上河图》上即有穿着背心的人物形象。今日电视剧中清代题材盛行，我们可以看到两种形制独特的背心：一种是"琵琶襟"式背心，交掩的右襟下摆减缺一块；一种是"一字襟"背心，前身的布片以纽扣

图 1-4-4　袒领套衫半臂及襦裙穿戴展示

从传世的壁画、陶俑来看，穿着这种服装时，里面一定要穿内衣（如半臂），而不能单独使用。

与肩及后背布片系住，纽扣共计13粒，故称"十三太保"。"十三太保"本名"巴图鲁坎肩"，是一种戎马之服，"巴图鲁"为满语"勇士"之义。这种背心便于骑士骑马时穿脱，晚清乃至民国初年在民间广为流行，是离我们很近的一种传统服装。上面两种背心都是男性服装，到民国时期依然传承的一种女性无袖服装是马甲，它源于元代，相传为元世祖皇后创制，长可掩膝。在20世纪六七十年代，在一些文艺作品如《白毛女》中，黄世仁的母亲便是穿这种背心。在改革开放后的文艺作品

图1-4-5　穿窄袖短
襦、袒领套衫半臂及
长裙的妇女

图1-4-6　《瑶台步月图》中穿背子、梳云髻的妇女　宋代

图1-4-7　妇女背子服饰　宋代

中，这种服饰形象也不多见了（图1-4-8）。

我们应该注意到，不管汉时半袖、唐时半臂、宋时背心、清时马甲，这些半袖之衣并不允许人们裸臂穿着，中国古代的

图1-4-8　王蜀宫伎图　唐寅　明代

图 1-4-9　妇女比甲服饰　明末清初

任何一种衣式，不管是在兴盛、开放年代，还是在衰落、禁锢时期，除非挑衅礼教者，皆不可裸露手、脸、颈之外的身体，半袖之衣也不行（图 1-4-9）。但越是这样，越是招惹得人想入非非，鲁迅先生在《而已集·小杂感》中描绘国人："一见短袖子，立刻想到白胳膊，立刻想到全裸体，立刻想到性交，立刻想到杂交，立刻想到私生子……" 1942 年，鲁迅先生的小说《肥皂》中的主人公四铭先生，看见街上一个侍奉祖母讨饭的十七八岁的女乞丐，复述小流氓的话："你不要看得这货色脏。你只要去买两块肥皂来，咯吱咯吱遍身洗一洗，好得很哩！"在"咯吱咯吱"的声音中，封建道学道貌岸然的形象露出马脚。这是出现在中国 20 世纪二三十年代文学作品中的故事，文章中的人和事虽然是虚构的，但却是当时社会现实中道学家的丑恶嘴脸。

（五）玉之说

对于中国人来说，玉绝不仅仅是一块美丽的石头，而是赋予了玉人格化的特征，是以玉温润坚硬、通透无瑕的品相比照纯洁无私的完美人格境界。

《荀子·法行》记载了孔子和弟子子贡的交谈，把玉和君子之德相比："夫玉者，君子比德焉。温润而泽，仁也；栗而理，知也；坚刚而不屈，义也；廉而不刿，行也；折而不挠，勇也；瑕适并见，情也；扣之，其声清扬而远闻，其止辍然，辞也。故虽有珉之雕雕，不若玉之章章。诗曰：'言念君子，温其如玉。'此之谓也。"意思是说：玉啊，可以和君子之德相比拟，玉的温润色柔，好似君子之仁；玉的坚硬且有文理，又似君子之知；玉的坚硬刚性，似君子之义；有棱而不伤物，似君子之行；可摧折但绝不挠屈，似君子之勇；玉的斑疵和美丽并见，似君子之情；叩击它有清澈远扬的声音，但响了就停，似君子之辞。所以有雕饰文采的珉石，不如素质明著的玉。《诗经·秦风·小戎》中说，怀念君子，温厚如玉，正是这个意思（图 1-5-1、图 1-5-2）。

"仁"是儒家学说核心，也是君子之德的首位，即应像玉一样"温润而泽"。"温润而泽"也因人们反复使用而成为成语，比喻人的态度、德性。对于玉所体现的君子之德，《荀子》中引述孔子之言并不是唯一的归纳方式，此外还有《礼记》归纳的"十一德"，即仁、知、义、礼、乐、忠、信、天、地、德、道,《管子》归纳的"九德",《说文解字》归纳的"五德"。不论哪一种归纳,都是从"君子比德"角度进行的,从而使玉不再仅仅是美石,而是君子之德的集合体,人们佩玉也不仅仅是装饰,而是时时以之作为修行树德的警示(图1-5-3、图1-5-4)。所以《礼记》称:"古之君子必佩玉,"又称:"君子无故玉不去身,君子于玉比德焉。"

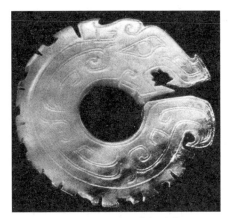

图1-5-1　蟠龙玉饰　商代
此玉雕成动物首形纹环式佩饰。

《礼记》说的"古之君子"所指遥远。从目前出土的文物看,以璜为主体进行串联的组玉佩在西周即已出现。组玉佩(大佩)在周代的服制、礼制中具有举足轻重的地位,它是贵族身份在服饰上的体现,身份越高,组玉佩越复杂、越长。由于周代组玉佩的组合方式在汉代已经失传,东汉明帝时,根据文献

图1-5-2　玉花鸟佩　金代

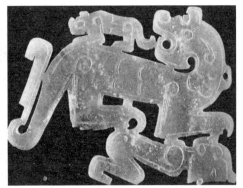

图1-5-3　虎形玉佩　周代
此玉佩形状为一只老虎背上驮着一只小虎,脚下踩着一个伏地的人。其造型生动,线条简约,是一件精湛的玉佩。

图1-5-4 动物形玉佩 元代

青白色透雕玉佩以绶带纹长方形玉佩为主,下用金链连缀鱼形、双龙、双鱼、双凤、龙鱼形兽五件玉饰。

记载,对其形制重新规范,但到了汉末,其制度再度失传。组玉佩作为最高规格的玉佩形式,在后世帝王百官重要礼仪活动中都在使用,一直延续到明代,但都不是周代时的形制。据考证,周代组玉佩是以璜充当一串佩饰的主体,被串在玉佩中部的显著位置,玉佩的复杂程度由璜的多少来决定,目前发现璜数最多的一例是八璜佩(图1-5-5)。

古代圆环形玉饰名称以内孔的大小进行区别。内孔孔径称为"好",内孔边缘至外圆之间的距离,即玉质实体部分的宽度称为"肉"。"肉"大于"好"叫作"璧","好"大于"肉"的叫作"瑗","肉"与"好"相等的就称"环","璧"有开口称为"玦"。璜的形状呈扁平片,弧形,约为璧的三分之一或二分之一,所以称为"半璧"(图1-5-6)。

组玉佩的璜越多,长度越大,套在颈上,垂于胸腹之前,行动越需迟缓,否则佩声就会乱成一片。戴组玉佩的目的就是

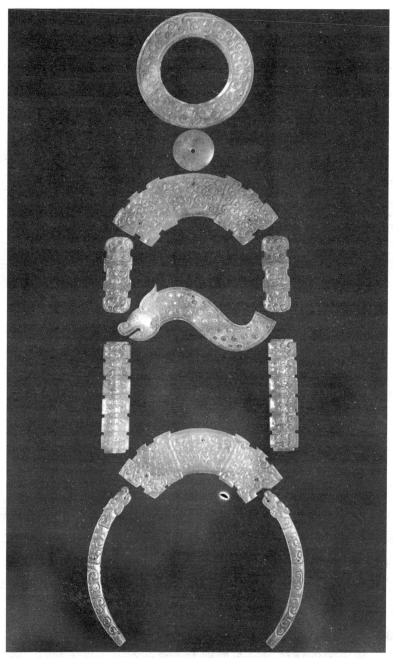

图 1-5-5　组列式玉佩　战国
此玉佩为非常罕见的白玉质，由璧形、扁管、夔龙形等十一件组成。

要"限步"，使步伐非常缓慢，这时玉佩之声才和谐，即"进则揖之，退则扬之，然后玉锵鸣"，使"非辟之心无自入也"，即与玉之德违背的念头无从入心，而这样的佩饰、步态、玉鸣中的人，更显得风度出众。组玉佩的形制和走步的规范不能改变，否则就是"改步改玉"。东周以后，组玉佩的形制产生了较大变化，自春秋晚期起，组玉佩不再套于颈部，而改系在腰间的鞶带之上。

西周组玉佩的最低形式只有一璜，这应是小臣、舞姬的规格。由于组玉佩与身份、地位关系密切，所以后世常以此为切入点，评论某人是否有资格佩带（图1-5-7、图1-5-8）。

《新唐书》记载：唐高祖李渊把善跳胡腾舞的少数民族艺人安叱奴提拔为散骑常侍，礼部尚书李纲觉得不妥，劝谏道：天下初定，有功之臣还没有赏完，高才之人还没任用，却让这个跳舞的胡人"鸣玉曳组"，位列五品，如何为后世立规矩？"鸣玉曳组"指的是戴着组玉佩，揣着印绶，以"玉""组"代指官位。李纲一番劝谏的核心就是：他也配？但唐高祖不采纳，安叱奴是安国人（今乌兹别克斯坦境内），从那里传来的音乐舞蹈叫"安国乐"，唐高祖正喜欢得不得了，他不改变对安叱奴的提拔。这从一个侧面反映了

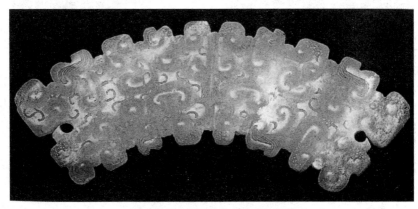

图1-5-6　白玉雕夔龙纹璜　汉代

图1-5-7 镂雕夔龙黄玉佩 战国

此玉佩为黄玉质，呈褐色，质细，半透明，为圆形透雕。

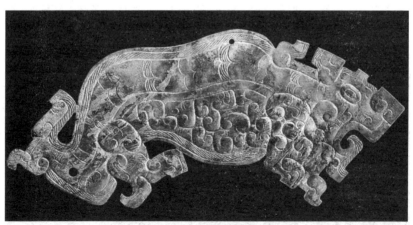

图1-5-8 虎形黄玉佩 战国

此玉佩虎头尖耳、弓背。造型奇特，线条复杂。

胡人文化在唐朝的盛行，整个唐代胡服流行也就可以理解了（图1-5-9）。

在唐太宗李世民统治时期也有类似的事情发生。《旧唐书》记载：当时，乐师王长通、白明达和驯马师韦槃提、斛斯受到李世民的提拔，监察御史马周看不过去了，劝谏道：纵使他们技艺超人，只可多赐些钱物，怎么能给这些马官、艺人授以官位，"鸣玉曳履"，与朝臣并肩而立，同坐而食，我感到耻辱。"鸣玉曳履"指的就是戴着组玉佩，穿着官员之鞋，代指官位。马周这些话其实就一句：他不配！但马周比李纲聪明，他说：既然朝廷的任命已经下了，不好追改，建议让他们不列朝班，

图 1-5-9　舞人玉佩　西汉

舞女一长袖甩过头顶，一袖下垂拢起，曲膝体侧转，寥寥数刀，形神兼备。

列入上人之列。唐太宗高兴地同意了（图1-5-10、图1-5-11）。

　　由此可见，组玉佩真不是谁都能佩戴的，否则就有人出来说"你也配"了。至于这句口语与玉佩是否有关联，还有待考证。但不把玉佩挂在别人脖子上，只有空口说说，还是没人能管的。唐代柳宗元因参与了王叔文的"永贞革新"运动，在此运动失败后一蹶不振。韩愈虽不赞同他的政治观点，但在柳宗元死后以祭文的形式为柳宗元的文章挂上了一串玉佩，说他的

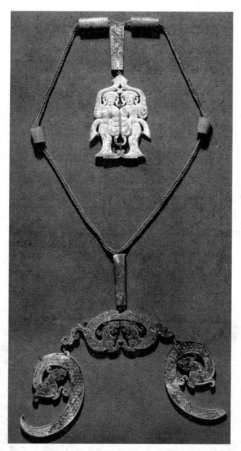

图1-5-10　黄金玉饰　西周

　　此件玉佩胸饰，为组列式制品，其造型精美，极为罕见。上部为姿势优雅的舞伎，下部则有椭圆的双虎形、及两片单只的弯曲的虎形片；间以圆椎状或圆柱状玉管，穿串而成胸饰。

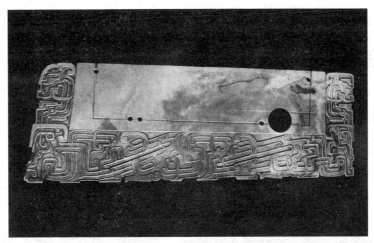

图1-5-11　玉笏板　周代
　　笏为古代君臣在朝廷上相见时手中所持的狭长的板子，用玉、象牙或竹制成，上面可以记事。此玉笏板制作精巧，中间有大小孔，便于穿系携带。

文章"玉佩琼琚，大放厥词（《祭柳子厚文》）"。意思是说文笔秀美，尽力铺陈辞藻，美如晶莹净洁的玉佩。可见玉佩可表赞美之意，可代溢美之词（图1-5-12~图1-5-16）。

　　"玉不琢，不成器。"玉埋在地下时是矿石，一经发现被采出和加工，就进入了大雅之堂。成就好事谓之玉成，皇帝的官印是玉玺，玉系列的饰物玉佩、玉如意、玉搔头、玉扳指实为珍稀昂贵，亭亭玉立形容女性的婀娜体态，玉树临风形容男子的潇洒。玉经过雕刻穿凿等一系列加工，其装饰价值、收藏价值和隐喻含义都愈加光大耀人。其实，玉被瞩目的不仅是其本身的价值，而是其品性的精神价值，如一片冰心在玉壶，冰清玉洁，化干戈为玉帛，宁为玉碎、不为瓦全等，还有"玉成其事"指成就了好事，"玉照"是佳人照片，"静候玉音"是盼望心爱的人的音讯。明代著名文学家、戏曲家汤显祖的代表作《牡丹亭》等四部名作也称之为"玉茗堂四梦"，玉茗堂是汤显祖的书房，玉茗实际是指白茶花，因为他酷爱白茶花。总之，"玉"的直喻义和引申义是林林总总的，皆为美好之意。

图1-5-12 坐式梳短辫玉人

图1-5-13 黄玉龙虎形佩 战国

　　此玉佩为黄玉质，尾端原残缺。一面素光无纹，一面刻有一张口、尾下垂，作爬行状的虎，虎背负一小虎。通身饰纹皆以双色线刻。

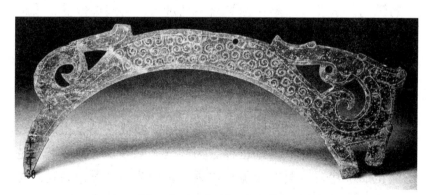

图1-5-14 龙形青玉佩 战国

图1-5-15　中山国牛角玉人像　战国

图1-5-16　穿袍服、挂佩饰的俑人
此俑所着服装为上衣下裳式，裳交叠相掩于后，腰间系带玉佩于前。

（六）舄履变迁，以史明鉴

舄是古代最受重视的一种鞋，并非它多么常穿或多么新颖，只是因为它是古代君王后妃及公卿百官参加祭祀、朝会所穿的礼鞋。在尊崇礼制的古代社会，舄的地位便极为突出。

舄与普通鞋履最大的区别在于它的鞋底。舄的鞋底制成双层，贴近脚的部分是布底，下面用木头做成托底，所以舄底很厚。这样的样式有实用目的：古代朝祭形式繁复，行礼者需要站立很长时间，舄有木底可以避开地面的潮湿，特别是祭坛设在郊外的"郊祭"，行礼者在清晨或雨雪天气中站于泥湿之地，舄底可以非常有效地解决湿透鞋底之苦。作为礼制的产物，舄是在中国传统礼制走向成熟的商周时期产生的（图1-6-1）。

舄的帮面通常以皮革制成，染有不同的颜色，根据周礼的规定，君王后妃及公卿百官所穿之舄，在不同的场合，必须用不同的颜色，并且必须和所穿的冠服相配。舄的颜色以赤色为

图1-6-1 "富且昌宜侯王天延命长"织纹锦履 东晋

此履是以丝线编织履面和以麻线编制履底，履面用绛红、草绿、土黄、海蓝、浅黄、灰黑、白等多种色线编织而成。

图1-6-2　双尖翘头方履　西汉
此履外形似舟，前端宽平向上翘，头呈半月牙形。

最高，天子在最隆重的祭祀活动中，脚下要穿赤舃。此外还有白舃、黑舃、青舃，有种种穿用、搭配的制度。周代官制中的履人就是专门掌管这些礼鞋、礼服的。舃上的装饰物，其颜色也是按照官品等级有严格规定的（图1-6-2）。

作为商、周时期社会生活的反映，《诗经》中也留有舃的印迹。如《诗经·豳风·狼跋》中记载："狼跋其胡，载疐其尾。公孙硕肤，赤舃几几。"这是一首把公孙贵族比喻成狼加以怒斥的诗，翻译成现代汉语就是：老狼前进，踩着脖子底下耷拉皮；它又回退，踩着它的长尾巴。公孙很臭美，穿着大红礼鞋，丝盘成花。这其中的描写，只有"赤舃几几"是实写，写出了这位公孙的身份，公孙是百家姓中的复姓，也有公子王孙的用法，在此公孙即为公爵之孙，据有关专家分析实指周幽王的宠臣虢石甫。此外，《诗经·小雅·车攻》中描写："驾彼四牡，四牡奕奕。赤芾金舃，会同有绎。"这是记周宣王大规模举行射猎和会合诸侯的诗，翻译过来就是："驾上四匹好公马，四马快慢走得匀。红色蔽膝金色鞋，诸侯会同声威振。"
赤芾金舄，表现了一种礼服的搭配（图1-6-3～图1-6-5）。

《史记·滑稽列传》记载了淳于髡的故事，读来很有意思。
淳于髡为人滑稽，能言善辩，齐威王好彻夜宴饮，逸乐无度，
不理政事，淳于髡想办法劝诫他。一次，齐威王召见淳于髡，
赐他酒喝，问他说：先生喝多少酒才醉？淳于髡回答说：我喝
一斗酒能醉，喝一石酒也能醉。威王不解，淳于髡说：大王当
面赏酒给我，执法官站在旁边，御史站在背后，我心惊胆战，
低头伏地喝，喝不了一斗就醉了。假如父母有尊贵的客人来家，
我卷起袖子，弓着身子，捧酒敬客，客人不时赏我残酒，屡屡

图1-6-3　地丝履　东晋

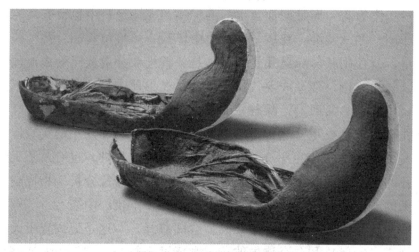

图1-6-4　翘头绿绢鞋　唐代

图1-6-5　变体宝相花纹云头锦履　唐代

举杯敬酒应酬，喝不到两斗就醉了。假如朋友间交游，好久不曾见面，忽然间相见了，高兴地讲述往事，倾吐衷肠，大约喝五六斗就醉了。至于乡里之间的聚会，男女杂坐，彼此敬酒，没有时间的限制，又作六博、投壶一类的游戏，呼朋唤友，相邀成对，握手言欢不受处罚，眉目传情不遭禁止，面前有落下的耳环，背后有丢掉的发簪，在这种时候，我最开心，可以喝上八斗酒，也不过两三分醉意。天黑了，酒也快完了，把残余的酒并到一起，大家促膝而坐，男女同席，普通的鞋子和尊贵的礼鞋混杂在一起，杯盘杂乱不堪，堂屋里的蜡烛已经熄灭，主人单留住我，而把别的客人送走，绫罗短袄的衣襟已经解开，略略闻到阵阵香味（"日暮酒阑，合尊促坐，男女同席，履舄交错，杯盘狼藉，堂上烛灭，主人留髡而送客，罗襦襟解，微闻芗泽"），这时我心里最为高兴，能喝下一石酒。淳于髡讲这段话的目的是告诫齐威王酒喝得过多就容易出乱子，欢乐到极点就会发生悲痛之事。齐威王果然听出了淳于髡的"弦外之音"，日暮酒阑，履舄交错，杯盘狼藉，不理政事，这样逸乐无度作为一国之君是要乱纲乱朝的，齐威王听其劝言停止了这种彻夜宴饮的生活（图1-6-6～图1-6-8）。

司马迁在写这段故事的时候，"舄"这种礼鞋已经不存在

图1-6-6　编织麻鞋　唐代

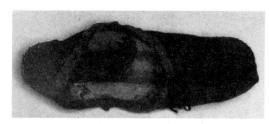

图1-6-7　菱纹绮履　宋代

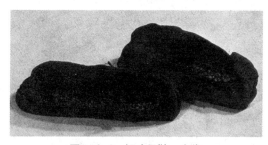

图1-6-8　翘头弓鞋　宋代

了。东周战国，被认为是礼崩乐坏，舄制亡失，直到东汉之后才重新恢复。在山东嘉祥武氏祠汉画像石上，可见穿舄佩绶行礼的人物形象。

此后舄作为最尊贵的礼服的一部分出现在王朝最重要的祭祀场合。两晋南北朝朝祭之礼依然用舄，北朝有所变化，以皮底代替了木底，到了隋朝又恢复了木底，这也是尊古复古使然。唐代，朝服以靴代舄，但在祭祀时依然穿舄。宋代沿袭唐制，少数民族建立的辽、金、元也都以舄为祭履，元代还在舄首上加了玉饰，舄帮上饰以花纹。明代，舄的用途再次扩大到朝会，这是它最后的辉煌，入清之后，舄制被废（图1-6-9、图1-6-10）。

图1-6-9　万历皇帝朝靴　明代

　　履舄交错的场面实质是官品等级的混乱，哪级着舄，何等穿履，不能混乱。履舄交错、逸乐无度实际是官场腐败的写照。舄与履的进化变迁在古代服饰文化中只是一段历史，但以史为鉴，却可以正人，可以明理（图1-6-11）。

图 1-6-10　万历皇后尖足凤头高跟鞋　明代

图 1-6-11　明黄色皇帝朝靴　清代

二、等级篇

（一）贵黄袍临朝，贱布衣庶民

现代人很难想象古人连穿什么样的衣服也是身不由己的状况。不仅图案，连颜色和质料，对不同身份的人规定也不同。今天的商人财大气粗，穿得比机关干部、专家、教授气派的屡见不鲜。但在两千多年以前，却不能这样随便，汉高祖八年三月到洛阳，看到商人穿得很华丽，当即下令"贾忍毋得衣锦绣、绮縠、缔纻、罽（《汉书·高帝纪》）"。"士、农、工、商"，商贾位居四民之末，社会地位很低，尽管有钱，买得起锦绣绮縠，却不准穿在身上。商人在平民阶层中是富有的，但历史上受"重农抑商"思想的影响，对商人的衣着反而比其他人限制更多。但寒士、农民、百工，穷得"短褐不完"，虽不禁止，他们却也穿不起丝织品的（图2-1-1～图2-1-3）。

图2-1-1　晋武帝司马炎复制图

中国古代的平民阶层往往是穿不起或亦不能穿的，一方面因为经济的贫寒，另一方面也因为对平民着装的限制。对于平民服装，哪些面料不能用，哪些颜色不能用，历代史籍的记载很多。如南朝陈宣帝时，令庶人以上，只准着绵绸、圆绫、纱、绢绡、葛及布衣等，其余皆禁。唐玄宗时规定，流外及庶人，不得服绫、罗、縠及五色线靴、线履。辽代道宗时，禁庶民服驼尼、锦绮及水獭裘。金代世宗时，则规定：在官承应有出身人，许服花纱、绫罗、纻丝、丝绸；庶人许服绸、绢布、毛褐、花纱、无纹素罗；奴婢只许服绸、绢布和毛褐，不许用罗绮。元代仁宗时，定庶人只许服暗花纻丝、绸绫和毛毳，其余衣料一概不得用。明代太祖时，禁庶人衣服用锦、绮、绫、罗和纻丝，只准用绸、绢、素纱。清代康熙时，禁民人等用蟒缎、妆缎、金花缎、片金倭缎、貂皮、狐皮、猞猁皮等。如果违背这些律令，后果是很严重的。晋朝哀帝兴宁二年颁布的法令中，就明文写道："令京师百里内工商皂隶皆不得以金银锦绣为服饰，违者处死。"可谓严酷。平民只准穿布衣，诸葛亮《出师表》说："臣本布衣，躬耕于南阳。"布衣也是庶民的又一代称。

关于百姓服装所用的颜色，各朝代也有很多限制。如汉成

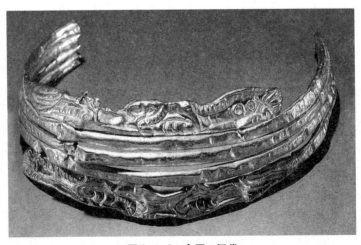

图2-1-2　金冠　汉代

图 2-1-3　帝王通天冠服图　宋代

帝时，庶民常服只准用青绿二色。宋仁宗时，在京士人与庶民不得穿黑褐地白花衣服及蓝、黄、紫地撮晕花样，妇女不得以白色、褐色毛缎及淡褐色匹帛制造衣服。明太祖时，禁民间妇人礼服用大红、鸦青等色。清朝雍正时，则规定军民人等禁用香色及米色。在隋唐以前的政令之中，黄色往往不在禁列，《诗经》中描写"绿衣黄里"，把黄布用作衣服的衬里，可见黄色并不高贵。从隋朝开始，文帝穿上了黄袍临朝，以后历朝也将黄色作为帝王专用色，不仅庶民不得使用，就连皇帝身边的重臣，也一律不准用黄色。唐高宗元年，就明确规定：臣民不许着黄。元史《舆服志》载称，元代曾明令："庶人不得服赭黄"，可见赭黄为帝后袍服的专用服色。明太祖登基之后，所颁布的第一条服饰禁令就是"禁庶人服色用黄"。到明代弘治十七年，再次申令"即柳黄、明黄、姜黄诸色亦应禁之"。到清代时，统治者放开杏黄之禁，而将明黄作帝后专用服色。

图 2-1-4　文宗咸丰皇帝冬朝服像　清代

图 2-1-5　雕衣木俑　西汉

此雕衣木俑为雕绘结合，着对
襟长襦。

在纹样方面，禁用限制所见更多，如南朝梁武帝时，令纹锦不
得以仙人、鸟兽之形为饰。唐代宗时，禁民间锦绣盘龙、对凤、
麒麟、狮子、天马、辟邪、孔雀、仙鹤、芝草、万字、双胜等
花式（图 2-1-4）。

因人的身份、地位、等级不同，所着服装上的图案、颜
色和质料也不相同，其规定是极为严格的（图 2-1-5～图
2-1-7）。一方面是要彰显皇族、官品的荣贵和其与下人、庶
民的区别；另一方面是为他们奢侈腐化、纸醉金迷的生活制造

图 2-1-6　内人双陆图（局部）唐代
　　提水罐的婢女，其头梳双丫鬟
式，身着圆领左右开裾长袍，腰束
带，内着白色长裙。

图 2-1-7　市担婴戏图卷　李嵩　南宋

理论依据和典制上的保障。关于百姓服装所用的颜色，各朝代
也有很多限制（图 2-1-8、图 2-1-9），在纹样方面，禁用
限制所见更多（图 2-1-10、图 2-1-11）。白居易《新乐府》
组诗第三十二首《卖炭翁》原文如下：

　　卖炭得钱何所营？身上衣裳口中食。

　　可怜身上衣正单，心忧炭贱愿天寒。

　　……　　　　　　……

　　翩翩两骑来是谁？黄衣使者白衫儿，

　　手把文书口称敕，回车叱牛牵向北。

　　一车炭，千余斤，宫使驱将惜不得。

　　半匹红纱一丈绫，系向牛头充炭直！

　　作者自注云："若宫市也"。"宫市"的"宫"指皇宫，
"市"是买的意思。皇宫所需的物品，本来由官吏采买。中唐
时期，宦官专权，横行无忌，连这种采购权也抓了过去。常有
数十万人分布在长安东西两市及热闹街坊，以低价强购货物，

图 2-1-8　卖浆图　南宋

图 2-1-9　平常百姓服饰　秦代

图 2-1-10　嵩里老人
　　画中老人头戴黑色尖锥
状上下两层峨冠，身穿浅色
交领宽袖长袍，腰束深色长
带。

图 2-1-11　农民与工人的着装　元代

甚至不给分文，还勒索"进奉"的"户门钱。"名为"宫市"，
实际是一种公开的掠夺，其受害者当然不止一个卖炭翁。而白
居易对"宫市"本质的揭露，则是通过服饰的质料、颜色的对
比，加以表现的：卖炭翁"身上衣正单"，"翩翩两骑上"的
宦官则是穿"黄衣"和"白衫"；卖炭翁，一斧一斧地"伐薪"，
一窑一窑地"烧炭"，好容易烧出"千余斤"，宦官却仅用"半
匹红纱一丈绫"这种不值钱的织物"系向牛头充炭直"。这哪
里是交易，完全是赤裸裸的掠夺（图 2-1-12）。

图2-1-12　牧马图（局部）　唐代
画中身着白衣、头扎裹巾、着靴的马夫，双眉紧皱，牵马低首，在草地、树间前行。
这是唐代服制中庶人着白衣的形制。

（二）官服印绶，带金佩紫

“金紫”最早出自《史记·范雎蔡泽列传》，说的是燕国谋略家蔡泽与人说笑，自言：我知道我注定富贵，只是不知再过多久？与他说笑的人答道：从现在开始还有四十三年。蔡泽笑着和那人谢别，对他的车夫说：“吾持粱刺齿肥，跃马疾驱，怀黄金之印，结紫绶於要，揖让人主之前，食肉富贵，四十三年足矣！”意思就是我有甘美之食，有骏马可骑，“怀黄金之印，结紫绶于要（腰）”。他奔走在国君面前，过了四十三年。此时，范雎已不得秦王信用，蔡泽跑去对范雎讲“盛极则衰，功成身退"的道理，并终于说动了范雎，自己取而代之（图 2-2-1）。

"怀黄金之印，结紫绶于要（腰）"，是蔡泽的梦想。"佩紫怀黄"象征着高官之位，是几千年来无数仕途之人的人生理想。黄金之印是指官印，"紫绶"是什么呢？绶是系印的丝带，别小看这条丝带，它的长短、颜色、丝织的密度是汉代区分官位大小的最显著的标志。汉代一官必有一印，一印则随一绶，地位越尊贵绶越长。皇帝之绶长二丈九尺九寸，诸侯王绶长二丈一尺，公、侯、将军绶长一丈七尺，以下各有等级差别。汉代的印不大，据实物观察，一般不超过 2.5cm 见方，用于押盖竹简公文的封泥。汉代官员腰侧都有一个小钱包似的东西，叫鞶、囊，专用于放印，拴印的绶或垂在腹前，或一并放入囊中。即使放入囊中，往往也垂出一截，因为印在囊中无法令人瞩目，

图 2-2-1　汉光武锡封褒德

需要通过绶让他人知道自己的官位（图2-2-2、图2-2-3）。

《汉书·朱买臣传》记载汉武帝时一个人的悲喜剧：朱买臣家贫，好读书，以砍柴卖薪为生，常肩挑柴捆边走边念书，其妻跟着他背柴，一再让他不要在道上念，谁知买臣念书声更高了，其妻羞恼，要离他而去。买臣说：我五十岁要富贵，现在已四十多了，富贵后报答你。买臣妻生气地说：像你这样，最终会饿死在沟里。几年后，买臣到长安，得人推荐，被武帝拜为中大夫，后来派他到会稽任太守。因此前朱买臣被免官一

图 2-2-2　汉殿论功图

图2-2-3　石刻垂绶佩剑的武士垂绶图　汉代

次，曾在会稽在京的公馆和守门人借住同吃。此时，朱买臣换
上过去的旧衣，怀揣系着绶的官印，步行去会稽公馆。来京汇
报的官吏们正聚在一起饮酒，对买臣不屑一顾。买臣依然和看
门人一起吃饭。吃到快饱的时候，买臣稍微露出那系着官印的
绶带，看门人很奇怪，上前一拉绶带，看到那是会稽太守印章。
看门人吃了一惊，走出门告诉了那些官吏。官吏们都喝醉了，
大喊道：疯话！看门人说：你们去拿来看看吧。有个平常轻视
买臣的旧相识走进室内看了官印，吓得回头就跑，高声嚷道：
真是这样啊！于是列位官员相互推着在院子里排好，伏身便拜。
他们拜的是什么呢？拜的是朱买臣的印绶。这并不奇怪，千百
年来，人们顶礼膜拜的是对方的官服印绶，所以朱买臣才故意
换了旧衣去公馆，这是先用旧衣，后用印绶在戏弄这些势利之
人。董仲舒《春秋繁露·服制》说："虽有贤才美体，无其爵
不敢服其服。"

《世说新语·言语》中记载了汉末庞统与司马徽（德操）
的一段对话，非常有意思。庞统慕司马德操之名，特意走了两
千里路去拜访他，却见司马德操正在采桑叶。庞统就坐在车里
对德操说："吾闻丈夫处世，当带金佩紫，焉有屈洪流之量，

而执丝妇之事。"意思是说：我听说大丈夫活在世，就应该带金佩紫，哪有压抑长江大河的流量，去做养蚕妇女的事！"德操怎么回答呢？他说："您姑且下车来。您只知道走小路快，却不担心迷路。从前伯成宁愿回家种地，也不羡慕做诸侯的荣耀；原宪宁愿住在破屋里，也不愿换住达官的住宅。哪里必须住在豪华的宫室里，出门就必须肥马轻车，左右要有几十个婢妾侍候，然后才算是与众不同的呢！"这正是隐士许由、巢父感慨的原因，也是清廉之士伯夷、叔齐长叹的来由。就算有吕不韦那样的官爵，有齐景公那样的富有，也是不值得尊敬的。庞统说："我出生在边远偏僻的地方，很少见识到大道理。如果不叩击一下大钟、不猛力擂鼓，那就不知道它的音响啊。"德操很赏识庞统，称他为凤雏，后来又向刘备举荐了庞统（图2-2-4）。

"佩紫怀黄"作为汉代区分官位大小的最显著的标志，是一种高官之位，等级作用的物质象征，其品位规定的内在含义是森严的等级制度，不容逾越和混淆。它成为仕途之道的最高追求，是追求功名，逐鹿官场的象征，这在几千年间构成了无

图2-2-4 朝服垂绶图 汉代

数人的贪欲之梦。追求到"佩紫怀黄"可能显赫一时，但人世的归宿总还是要回归到"青布麻衣"。如果能够效仿清廉之士伯夷、叔齐"质本洁来还洁去"也就真正是"强于污淖陷渠沟"了。古往今来人生百态，视高官厚爵如粪土，视"佩紫怀黄"犹过眼烟云实属是不易修为的境界。

"佩紫怀黄"尊为至贵沿袭至今，人们寓于"紫、黄"多少至尊、至贵、至上、至美，在这其中等级伦理和服饰文化融合在一起，它们已经作为精神符号，在古今中外的社会审视与评价之中也都无外乎"黄尊紫贵"。如西方众多国家达官贵人着紫裙紫袍是富贵、高贵的象征，中国民间常用"紫气东来"寓意官运即来、加官晋爵，"日照香炉生紫烟"形容一番云蒸霞蔚的景象等。

（三）顶戴花翎饰东珠，文禽武兽绣补服

从服饰发展的历史来看，清代对传统服饰的变革最大；从服饰的形制来讲，又是以庞杂、繁缛、琐细为特征，服饰制度的条文规章也多于以前任何一个朝代。从总体上来看，清政府制定的官民服饰制度，既保留了汉族传统服制中的某些特点，又吸收了满族的风俗习惯（图2-3-1）。

在清军入关之初，由于政权尚不稳固，国家尚未统一，而汉族官民亦不愿从满俗，故而顺治元年是"一国两制"的服制。《研堂见闻杂记》载："我朝（清）之初入中国也，衣冠一仍汉制。凡中朝臣子皆束发顶进贤冠，为长服大袖。"豫亲王多铎甚至还下过一首命令："剃头一事，本国相治成俗。今大兵所到，剃武不剃文，剃兵不剃民，尔等毋得不遵法度，自行剃

图 2-3-1　乾隆驾临比箭会场图

之。前有无耻官员先剃求见，本国已经唾骂。特示。"但是，随着南明弘光政权的颠覆，清军迅速席卷江南。摄政王多尔衮以为天下形势大定，便以诏书的形式赦令天下，这就是著名的"剃发令"，简单地说就是"留头不留发，留发不留头"！多尔衮视剃发为征服汉人的重要手段，也是汉人是否接受满族统治突出的身份标志。

　　清代统治者采取高严政策和恐怖手段，对人们的言行、穿着等方面做了严格的规定。与明代相比较，清代服饰中变化最大的还是满装化的官服。清朝作为中国最后一个封建王朝，其

图 2-3-2　蒙古王用的凉帽与暖帽　清代　　图 2-3-3　一品官的冬官帽　清代

官员的冠服的具体制式按官阶高低、品位大小，都有严格的规定，其制度的严格和细密，超过了以往各个朝代。清代官服的形制非常典型，头戴顶翎的官帽，身着补服长袍，项挂朝珠，足蹬长筒尖头厚底靴。

清代官员顶戴分为朝冠与吉服冠两种，文武官员的朝冠式样大致相同，品级的区别：一是在于冬朝冠上所用毛皮的质料不同，二是在冠顶镂花金座上的顶珠，以及顶珠下的翎枝不同。这就是清代官员显示身份地位的"顶戴花翎"。顶珠的质料、颜色依官员品级而不同（图 2-3-2、图 2-3-3）。

朝冠的定制：亲王以下至一品官，其冠顶均用红宝石，只是用所饰的珍珠（东珠）的数目来加区别。亲王冠顶装饰有 10 颗东珠，亲王的世子冠顶装饰有 9 颗东珠，郡王的冠顶装饰有 8 颗东珠，贝勒冠顶装饰有 7 颗东珠，贝子的冠顶装饰有 6 颗东珠，镇国公冠顶装饰有 5 颗东珠，辅国公、不入八分公以及民公冠顶均装饰有 4 颗东珠。侯爵的冠顶装饰有东珠 3 颗，伯爵的冠顶装饰有东珠 2 颗，一品官冠顶装饰有东珠 1 颗。以上官员的顶戴上均衔红宝石。二品官冠顶饰有小宝石 1 颗，上衔镂花珊瑚（镇国将军和子爵同武一品官，辅国将军和男爵同武二品官）。三品官顶戴上饰小红宝石，上衔蓝宝石。四品官顶戴上饰小蓝宝石，上衔青金石。五品官冠顶饰小蓝宝石，上衔水晶。六品官顶戴上饰小蓝宝石，上衔砗磲（一种南海产的大贝，古称七宝之一）。七品官冠顶上饰小水晶，上衔素金。八品官为阴文镂花金顶，没有装饰。九品官顶戴为阳文镂花金顶（指未入流的文九品）。会试中试贡士冠顶衔金三枝九叶。举

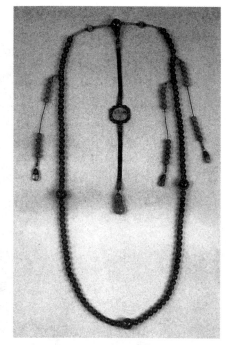

图2-3-4　琥珀朝珠　清代

人、贡生、监生冠顶为镂花银座，上衔金雀。生员冠顶为镂花银座，上衔银雀（图2-3-4）。

吉服冠的定制：亲王至贝子均用红宝石顶，一品官用珊瑚顶，二品官用镂花珊瑚顶，三品官用蓝宝石顶，四品官用青金石顶，五品官用水晶顶，六品官用砗磲顶，七品官用素金顶，八品、九品均用镂花素金顶。贡士用素金顶，举人冠顶为银座，上衔素金顶。贡生用镂花金顶，监生、生员均用素银顶。

雍正五年，开始议定了冬夏所戴的凉帽、暖帽，其制式依照朝冠顶戴：一品官用珊瑚顶，二品、三品官用起花珊瑚顶，四品官用青金石顶，五品、六品用水晶顶，七品以下及进士、举人、贡生均用金顶，监生用银顶。雍正六年改七品官用镂花水晶顶。雍正八年，更定官员冠顶制度，以颜色相同的玻璃代替了宝石。至乾隆以后，这些冠顶的顶珠，基本上都用透明或

图 2-3-5　一品官员朝冠帽顶　清代

不透明的玻璃，称作亮顶、涅顶的来代替了。称一品为亮红顶，二品为涅红顶，三品为亮蓝顶，四品为涅蓝顶，五品为亮白顶，六品为涅白顶。至于七品的素金顶，也被黄铜所代替（图2-3-5）。

在顶珠之下，有一枝两寸长短的翎管，用玉、翠或珐琅、花瓷制成，蓝色，羽长而无眼，较花翎等级为低。花翎是带有"目晕"的孔雀翎。"目晕"俗称"眼"，在翎的尾端，有单眼、双眼、三眼之分，以翎眼多者为贵。

官员服饰中最能展现等级身份差别的莫过于"补服"。官员的补子大体分为文、武两种。文官为：一品仙鹤，二品锦鸡，三品孔雀，四品雁，五品白鹇，六品鸬鹚，七品鸿漱，八品鹌鹑，九品练雀。武官为：一品麒麟，二品狮，三品豹，四品虎，五品熊，六品彪，七品、八品是犀牛，九品海马。另外，御史与谏官均为獬豸（图2-3-6～图2-3-11）。

据《清会典事例·冠服通例》，满汉官员着补服始于后金天命六年（公元1621年），当时诸制草创，官员皆授武职。都堂、总兵官补服为麒麟，参将、游击为狮，千总为彪。入关后，逐渐与明制接轨，但亦小有调整。其定制为：一品仙

图2-3-6 文一品方补 清代

图2-3-7 文二品方补 清代

图 2-3-8　文三品方补　清代

图 2-3-9　文四品方补　清代

图 2-3-10　文六品方补　清代

图 2-3-11　文七品方补　清代

鹤，二品锦鸡，三品孔雀，四品文雁，五品白鹇，六品鹭鸶，七品鸂鶒，八品鹌鹑，九品练雀。而武官仍用单兽，茕茕孑立。其规定为一品麒麟二品狮三品豹，四品虎，五品熊，六品、七品彪，八品犀牛，九品海马。未入流制视同九品。可视其为不同民族文化体系间交流、碰撞，最终合二为一的典型过程（图 2-3-12 ～图 2-3-16）。

明清官员所用补服形状皆为方补。明代官服前片为大襟，故补服图案前后皆为整片。而与明代相较，清补图案尺寸小而简拙，虽亦前后成对，但前片为对开，后片则仍为整片，略与明同。究其原因，乃满族先世乃倚渔猎为生，服装源于关外"胡

图 2-3-12　文八品方补　清代

图 2-3-13　文九品方补　清代

图 2-3-14　武三品方补　清代

图 2-3-15　武四品方补　清代

服"，易于穿脱，便于行动。而前片官补恰好位于清代官服之胸前，为解决纽扣解、系之劳，只能将前片一分为二。

明清两代，受诰封之命妇（一般为官吏之母、妻）亦备有补服，主要穿着于庆典朝会或吉庆场合。其所用补服纹样与其子或夫之官品图案相同。而女补之尺寸却比男补略小，

图 2-3-16　亲王圆蟒补　清代

以示男尊女卑。另外，凡武职官员之母、妻，其补服图案不用兽而用禽，与同品文官补服图案相同，以象征女子以娴静为美，优雅为上，不需尚武而舞爪张牙也（图2-3-17～图2-3-19）。

如今，各类补服多已成为收藏精品，在文物拍卖会上大受欢迎。在收藏品市场上，补服分类十分精细、齐全，有男补、女补、文补、武补等多项名目。其中男补贵于女补，武补贵于文补。物以稀为贵，因当时武官着装多僭越品级，故而武补之中，官位较低者之补服如八品犀牛及九品海马几乎难以寻觅，反而成为价格昂贵之上品。本末倒置，颇为滑稽，实当时着装之诸位老前辈始料未及之事（图2-3-20）。

图 2-3-17　红缎地彩绣仙鹤方补霞帔　清代

图 2-3-18　石青地平金绣彩云龙纹缀盘金绣云雁方补霞帔　清代

图 2-3-19　二品夫人用的霞帔　清代

图 2-3-20　武九品方补　清代

（四）官民贩夫，衣各本色

　　著名画作《清明上河图》从一个侧面极其生动地反映了当时汴京繁荣兴旺的井市风情。画面人物有数百人，百行百业、农工士商、各色人物无不具备（图2-4-1）。

　　在很多绘画作品中都能看到，凡是体力劳动者，担夫、小贩、农民、船家等，都有一个共同的特点，那就是上衣都很短，大多是短襦或短衫，不超过膝盖，或者刚刚超过膝盖。他们头戴巾帕，头巾也是比较随意的，甚至还有的没有戴头巾，直接

图2-4-1　清明上河图（局部）

露出发髻。这类人物的脚下一般穿麻鞋或者草鞋。官吏、商贾、文人、有钱的市民则穿交领长袍或圆领衫，头戴巾子或幞头，下身穿长裤，足蹬靴履。他们的衣袖虽宽窄不一，却比较适中，没有太宽的，也没有太窄的，但衣身都比较宽松（图2-4-2）。

从《清明上河图》的画面来看，宋代平民的服饰，不论是颜色、配饰、衣料，还是式样，都是受到严格的限制的，各行各业的服饰式样也有详细的规定，不可以随便改变和逾越。所

图2-4-2　诸士百家

此图分上下两部分，上部分为着长衣的儒、医、卜、和着短衣的百工百业人员；下部分为百家诸士从艺人员，都属于元代社会地位较低的阶层人员。

以，在宋代，从穿戴上不但可看出等级差别，还可辨认出每个
人的职业是什么：披肩子，戴帽子的是卖香人；穿长衫、束牛
角带、不戴帽子的是当铺的管事；穿白色短衫、系青花手巾是
卖干果的小孩等（图2-4-3）。

　　尽管《清明上河图》人物比例太小，色泽单一，很难更精
细地表现宋代城市居民的服饰风采，但却完好地体现出了宋朝
服饰等级鲜明、装饰性强、造型新奇的突出特点（图2-4-4）。
关于宋代服饰，孟元老在《东京梦华录》中也有记载："又有
小儿着白虔衫，青花手巾，卖辣菜、干果之类……其士、农、
工、商，诸行百户，衣装各有本色，不敢越外。……香铺里香

图2-4-3　清明上河图（局部）

图 2-4-4　清明上河图（局部）

图 2-4-5　庄稼忙（局部）　天津杨柳青年画

图 2-4-6　厨娘服饰图　宋代

人即顶帽披褙子。质库掌事，即着衫角带，不顶帽之类。街市
行人，便认得如何色目……"即使平民百姓也要按本色打扮，
即使是乞丐"亦有规格，稍似懈怠，众所不容"，甚至媒婆也
是要分等级而有不同装束的：上等戴盖头，着紫褙子；中等戴
冠子，黄色髻，着褙子，或只系裙。可见，宋代对士、农、工、
商服饰的限制极为严格（图 2-4-5、图 2-4-6）。

其他史料也有记载：儒生穿着皂褙，上衣是一领紫道服，系一领红丝吕公绦，头戴唐巾，脚上穿一双乌靴；富贵人家子弟的衣着是"丫顶背，带头巾，窣地长褙子，宽口裤，侧面丝鞋，吴绫袜，销金裹肚"；寺僧行童是"墨色布衣"等。

施耐庵的长篇小说《水浒传》对出身复杂的梁山一百零八将的服饰描写就更出色了，例如，出身名门贵族的柴进，头戴一顶皂纱转角簇花巾，身穿一领紫绣团龙云肩袍，腰系一条玲珑嵌宝玉绦环，足穿一双金线墨绿皂朝靴；智多星吴用化装成算命先生的样子时戴一顶乌纱抹眉头巾，穿一领皂沿边白绢道服，系一条杂彩吕公绦，着一双方头青布履，手里拿着一幅赛黄金熟铜铃杵；菜园子张青挑担子时的打扮是头戴青纱凹面巾，身穿白布衫，下面腿绑护膝，八搭麻鞋，腰系着缠带（图2-4-7）。

图2-4-7 《水浒传》中的各色人物

　　无论是文学作品，还是绘画、雕塑等艺术作品中对名门贵族、各司其职的官员、百行百业的商贾佃户等的服饰都有出色的描写和勾画，或淡彩工笔，或素描，让我们对不同朝代的官宦、平民、富商等不同人物的服饰特点有了直观的认识（图2-4-8～图2-4-18）。

图 2-4-8　五品文官肖像　清代　　　图 2-4-9　孝庄皇后朝服像　清代

图 2-4-10　流民图　元代

图 2-4-11　听琴图（局部）　北宋

图 2-4-12　头戴幞头，身穿圆领长袄的随从像

图 2-4-13　文官陶俑　唐代

图 2-4-14　老者像　西夏

图 2-4-15　侍从武官俑　唐代

图 2-4-16　户部员外郎肖像　明代　图 2-4-17　身着有补子的圆领衫的
五品官员女眷　明代

图 2-4-18　朱瞻基行乐图（局部）　明代

（五）宋穿紫衣，唐佩鱼符

从宋代的冠服制度看，宋人是非常注重保持旧传统的。但是有一点还是明显不同于唐代的，那就是等级界限的明确性。比起唐代，宋代官员服装中用于标志身份等级的装饰物明显增多，执行得也十分严格。王仲行易带辞行的故事就足以说明这个问题（图2-5-1、图2-5-2）。

宋孝宗的时候，吏部尚书王仲行被罢免官职调往外地。王仲行原来是三品以上的高官，佩戴的是金带佩鱼。他在离开京城之前，去朝廷的阁部辞行。门卫看见他依旧佩戴金带佩鱼，认为不符合制度，拒之门外，不让他进入。王仲行没有办法，只好忍气吞声，解下了佩鱼，门卫仍然不买他的账。王仲行只好又退了一步，把金带换成了红带。门卫还是不让进，王仲行再把红带换成了皂带，门卫才勉勉强强地放行，让他进去了。

图2-5-1　帝王服饰像　宋代

图2-5-2　官员服饰　宋代

由此我们可以看出宋朝配饰制度的严格，不同的身份、地位，应佩戴相应的配饰，绝不可以乱来，否则不但会让人耻笑，还会遭到别人的辱骂。

各个朝代的官服中有明确等级之分的配饰主要有腰带和鱼袋等（图2-5-3、图2-5-4）。腰带一般分为前后两部分，一部分钻有圆孔，用来穿插扣针的，两端用金银作为装饰，名字叫"铊尾"。穿戴时两端的铊尾必须朝下，以表示对皇帝的臣服。还有一部分是用来区分等级的标志。其形状以方形为主，也有圆形的。佩戴的数量也因为官位的不同而不同。具体的名称则是根据它的质地来确定，如金、玉等（图2-5-5～图

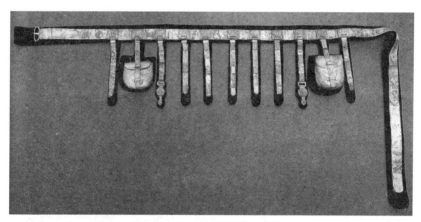

图2-5-3　狩猎纹金带　唐代

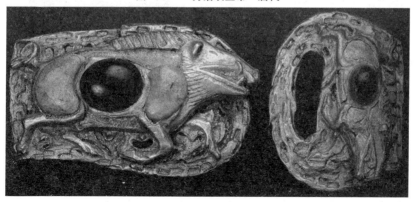

图2-5-4　镶宝石金带饰　北朝

图 2-5-5　宝带　现藏于北京定陵博物馆　北京定陵出土

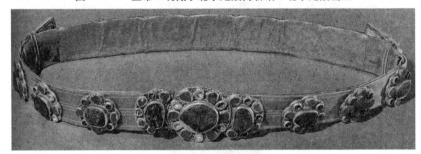

图 2-5-6　万历皇帝大礤带　明代

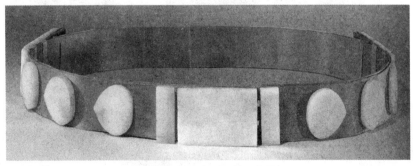

图 2-5-7　金扣玉带　金代

玉带由18块玉铐和29枚金钉连缀，有金扣、金环。

2-5-8）。其质料在宋代因为等级的差别而有不同，有玉、金、
银、犀、铜、铁、角、石、墨玉等，如：帝王的革带叫"排方
玉带"，把四个方形的玉饰、五个圆形的玉饰嵌在腰带上；三
品以上的王公大臣也使用玉带；四品的官员使用金饰革带；五

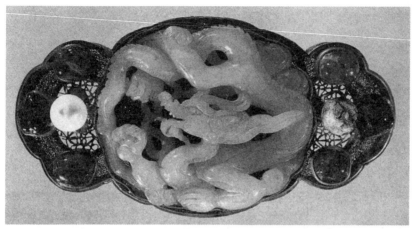

图 2-5-8　金带饰

此金带饰嵌有红、蓝宝石及白玉行龙。现藏于北京定陵博物馆，北京定陵出土。

图 2-5-9　皇帝镶珠宝心字形带饰　明代

品、六品的官员使用黑银饰的革带；其余的小官小吏使用黑银饰或犀角饰的革带；一般的文人使用铁角饰物装饰的腰带（图2-5-9）。穿戴的时候，饰物要佩在腰后，因为当时的礼服袖子都非常大，穿这种衣服时，双手一般不能垂下，只能交叉放

图 2-5-10　皇帝三菱形金带饰　明代

在胸前，否则衣袖就会拖在地上。所以，把饰物放在腰后不会被大袖挡住，人们从背后就可以了解系腰带人的身份地位（图2-5-10）。

　　在宋代，穿紫色衣服佩鱼袋是一种很高的荣耀，因此，人们在填写个人职衔时，都要特意申明自己是配什么鱼袋的。比如编写《三礼图》的聂崇义，他的职衔就是"通议大夫国子司业兼太常博士柱国赐紫金鱼袋臣聂崇义"。所谓的赐紫就是他的紫服是政府直接赐予的，而不是假借的。假借的服饰，又称借服制度，就是通过特批才可以穿超过自己应该穿的颜色的衣服。也就是说，如果一个人不是三品以上的官员，只要经过特批也可以穿紫色的衣服，这就是所谓的"借紫"。说起鱼袋就要和唐朝的佩鱼符制度联系起来。鱼符是唐代官员出入皇宫的通行证，为了携带方便，唐代五品以上的官员都在腰间挂一个锦绣的鱼袋。到了宋代，鱼符被废除了，鱼袋却保留了下来，成为区分等级的标志。宋代的鱼袋用金、银饰品加以装饰，分为金鱼袋和银鱼袋两种，亲王还有特赐的玉鱼袋（图2-5-

11 ~ 图 2-5-15）。

讲到这里，我们真的能理解封建统治者为了维护自己的统治，真是良苦用心了，竟然把等级制度细化到了小小的配饰上，真可谓是煞费苦心（图 2-5-16、图 2-5-17）。

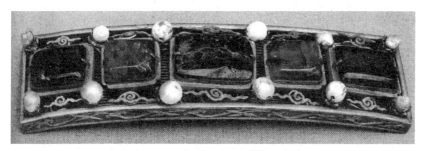

图 2-5-11　皇帝云头形金带饰　明代

图 2-5-12　官吏公服　宋代

图 2-5-13 包金神兽纹带饰 北朝

图 2-5-14 贵族像 西夏

图 2-5-15 贤士儒流像

此画下方为七个头戴巾裹、穿袍服的文人儒流形象的人物。七个人物中有六个
穿宋式圆领服，戴元式唐巾。

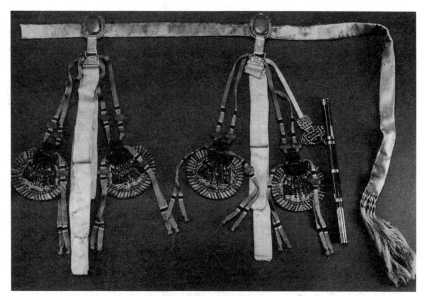

图 2-5-16 嘉庆皇帝吉服带 清代

金圆版嵌珊瑚，有月白粉，平金绣荷包，金嵌松石套髹珐琅刀鞘及燧等。现藏于北京故宫博物院。

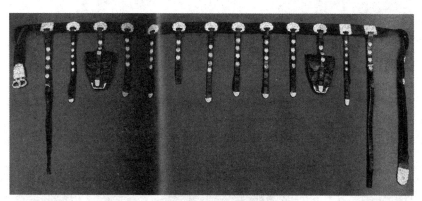

图 2-5-17 皇帝吉服带 清代

明皇色丝绦上一端附疏苏，镂金椭圆版上嵌蓝宝石、珍珠。镂金蝙蝠纹挂环上系荷包，压金福寿纹火镰盒，镀金嵌松石、红宝石牙签筒，镶金嵌松石、红宝石刀鞘、牛角刀柄、中贯嵌宝石刀鞘，另饰珊瑚珠多组。现藏于台北故宫博物院。

（六）帝王黄、朱紫贵，服色品、定尊卑

色彩、质料和款式是服装的三要素。事实上，当我们盛赞古代服饰文化是何等绚丽多彩的时候，就自然地把服饰和颜色的关系表述出来了。

马克思说："色彩的感觉，是美感的最普及的形式（《马克思恩格斯论艺术》）。"但是，在服饰文化领域里，色彩有曾经长期被等级观念和迷信观念所禁锢，使人们丧失了对色彩审美自由选择和追求的权利。在古代中国，这方面的清规戒律主要来源于把颜色分尊卑等级（图 2-6-1～图 2-6-3）。

历史上"白衣""苍头""皂隶""绯紫""黄袍""乌纱帽""红顶子"等，都是在一定时期内，某种颜色附着于某

图 2-6-1 皇帝朝服展示图（朝服的纹样主要为龙纹及十二章纹样） 清朝

图 2-6-2 明黄平金云龙裕袍 清代

种服饰就获得了代表某种地位和身份的意义的例子。每个朝代，几乎都有过对服饰颜色这样那样的规定和禁令；在服饰领域里，各种颜色也几乎都有自身浮沉兴衰的历史。而这一切，都不是审美范围内的现象，和色彩的物理意义更没有关系（图 2-6-4、图 2-6-5）。

例如，黄色曾经被封建帝王神圣化过，溥仪在《我的前半生》里说：

每当回想起自己的童年，我脑子里便浮现起一层黄色：琉璃瓦顶是黄的，轿子是黄的，椅垫子是黄的，衣服帽子的里面、腰上系的带子、吃饭喝茶的瓷制碗碟……无一不是黄的。这种独家占有的所谓明黄色，从小把唯我独尊的自我意识埋进了我的心底，给了我与众不同的"天性"。

不仅老百姓绝对禁止服用这种明黄色，连他的弟弟也不能用这种颜色。溥仪11岁时，10岁的溥杰和9岁的大妹妹进宫和他一起玩捉迷藏，玩得正高兴，溥仪一眼看到溥杰内衣袖子露出黄色，立刻沉下脸来："溥杰！这是什么颜色，你也能使？""这是明黄，不该你使的！"溥杰忙垂手旁立，"嗻嗻"连声。这还是清朝被推翻以后，宣统"暂居宫禁"的时候。清制规定：明黄是帝王专用色，贵族只能用深黄色（美称金黄色），稍带红色的杏黄则不禁，民间也可用。

图 2-6-3　乾隆皇帝夕月穿用的夏朝服　清代

图 2-6-4　贵族男装半臂服饰　元代

图 2-6-5　贵族男装服饰　元代

朱、紫也曾长期成为显贵的服色。红是太阳、火和血的颜色，从山顶洞人已经用赤铁矿粉末染红顶饰的带子来看，红色恐怕是首先进入我们原始先民服饰领域的颜色。在周代，大红是贵族才能用的颜色，这点在《诗经》里有多处反映。《豳风·七月》："我朱孔阳，为公子裳。"那时候男子以穿大红的裙子为贵。到春秋时期，大约紫色的染色工艺有所突破，鲜艳的紫帛的魅力吸引了某些上层贵族，像齐桓公就喜欢服紫，结果一国尽服紫，弄得紫帛供不应求，价格大涨（《韩非子·外储说左上》）。当时似乎还没有规定什么等级不得服紫。到春秋晚期，《左传》哀公十七年记载了发生在卫国的一件事："（浑良夫）紫衣狐裘，至，袒裘，不释剑而食。大子使牵以退，数之以三罪而杀之。"杜预注："紫衣，君服。""三罪：紫衣、袒裘、带剑。"似乎那时紫衣已成为国君专用之服，浑良夫服之就有罪了。孔子虽然"恶紫之夺朱"，但他终究无法扭转这种趋势。唐太宗贞观四年定百官朝服颜色，也是紫在朱前：三品以上服紫，四品、五品服绯，六品深绿，七品浅绿，八品深青，九品浅青。宋代也是这个格局。俗话说"红得发紫"，正可用以形容高官显宦的服色。在老百姓眼里，穿大红大绿就是了不起的大官了。所以民俗以大红大绿为富贵吉祥之色，其习尚确实由来已久（图2-6-6）。《红楼梦》十九回写宝玉到花家探望袭人，看见袭人的两个姨妹子穿着红衣，回来问起，赞叹了两声。袭人说："叹什么！我知道你心里的缘故，想是说她哪里配穿红的？"宝玉忙否认。可见清代女子穿红还有个配不配的问题。即使没有明文规定，也有服色等级的潜在观念在人们心理上起作用。

绿色虽然曾在官服中位居第三，但这春天和大自然的生命之色，在中国服饰史中上却蒙受过屈辱，那是当它附丽于男子的头巾的时候。唐代有个李封，做延陵（今江苏丹阳一带）县令时，下级有了罪他不加仗罚，只叫他裹上碧头巾以示处分。

图 2-6-6　王公大臣出游时所穿常服为绿色

碧是深绿色。李封为什么选用这种颜色的头巾作为惩罚的标记，现在已经无从考证了。但从此以后，江南一带对戴碧绿色的头巾为奇耻大辱（《封氏闻见记》卷九）。元明时，又规定娼家男子戴绿头巾。于是民间骂人戴绿头巾，是对人的极大侮辱。娼家男子俗称乌龟，其社会地位之低下，不得混迹于衣冠群中。绿色头巾上的悲剧，同样是一种偶然的联系，人为的禁锢。

青色是一种美丽的蓝色，虽曾被荀子称赞"出于蓝而胜于蓝"，又是名正言顺的正色，但它在唐宋官服中却屈居于绿色之下，叨陪末座。而且在服色的地位上一直没有怎么"发迹"过。其实，不仅唐宋官服青色品位最低，古代民间青衣也多为地位低下者所穿，甚至有以"青衣"为婢女代称者。晋怀帝被

图2-6-7 《杏园雅集》（局部）中着青色和红色服饰的人物

刘聪俘虏后，刘聪在宴会上叫他"著青衣行酒"，以此来侮辱他（《晋书·孝怀帝纪》）。汉成帝永始四年诏禁奢僭，特为指出："青、绿，民所常服，且勿止。"可见青布衣、服蓝布裆历来为下层人民所穿着。但是，青缎则是富贵人家便服领域常用的衣料（图2-6-7）。

在现代人眼里，白色象征着纯洁，"白衣天使"和"白衣战士"令人尊敬和无比信赖。而历史上的"白衣"却指庶人，刘禹锡写《陋室铭》以"往来无白丁"自命高雅（图2-6-8）。白色在古代服饰领域也属命运不济的一种颜色，民间以"红白之事"称婚丧，由来已久。白象征素而寡欲，服白表示尽哀，黑与白并用，也有同样的含义。

图2-6-8　士子白色服饰　唐代

黑色有着自己的兴衰史。在周代，它曾是卿士的朝服。秦代更以黑色作为皇室冠服旗帜的主要色调。西汉初年承秦制，卿大夫服饰仍尚黑。比起白来，黑确实是威风过一阵的。在汉武帝时司直官即辅佐丞相主管法纪的官员穿黑色朝服，以示威严。故《文心雕龙》中有"皂饰司直，肃清风禁"的记载，意为穿着黑色朝服的检察官司直，来肃清风化政教（图2-6-9）。

图2-6-9 《历代帝王图》中皇帝穿黑色冕服

随着黄、紫、朱的地位相继高升，黑便被挤了下来，但仍旧是一种威严的颜色，遂成为衙门小吏的服色。但是，黑色并未与帝王权贵绝了缘。后来的乌纱帽，就成了官职的代称。直至今日一些和法律相关职业的官服颜色仍旧是黑色，如欧洲国家的大法官、体育裁判员等。黑色总是给人一种庄严、肃穆的感觉，起到威慑的作用，不可逾越（图2-6-10）。

图2-6-10　官吏常服图
图中左一者着青色服饰，右后两者及右前者为没有入仕途者着白袍，众人皆佩戴黑色幞头。

不过，总的来讲，颜色在服饰领域里曾长期受到来自统治阶级的等级观念等多方面的束缚。只有使色彩从种种人为的禁锢和传统的束缚中解放出来，才能迎来服饰文化更大的繁荣。

（七）百官朝服，以下僭上

春秋战国时礼崩乐坏，楚国令尹公子围参加几个诸侯国的盟会时，擅自用了诸侯一级的服饰仪仗，受到各国与会者的指责。鲁国的叔孙穆子说："楚公子美极了，不像大夫了，简直就像国君了。一个大夫穿了诸侯的服饰，恐怕有篡位的意思吧？服饰，是内心思想的外在表现啊！"穆子料的不错，公子围回国就弑了郏敖，自立为君，就是楚灵王（《左传》昭公元年，《国语·鲁语下》）。

图 2-7-1　黄缂丝十二章衮服

图 2-7-2　墨绿地妆花纱蟒衣　明代

　　据载从舜时开始，服饰中就有一项重要的"十二"章制等级制度。十二章就是十二种图案（记载于《尚书·益稷》）。所谓十二章纹，是指古代帝王服饰上的十二种图像、纹样（图2-7-1、图2-7-2）。它们依次分为：日、月、星辰、山、龙、华虫、宗彝、藻、火、粉米、黼、黻等。其中前六章绘于上衣，后六章绣于下裳。各章均有各自特定的含义和文化意蕴。例如：日、月、星辰为"三光"取其照临光明之意；山，取其人的仰望和其稳重之意；龙，取其应变之意；华虫（一种雉鸟），取其文丽之意；宗彝（一种祭礼器皿，画有一虎一猴），取其忠孝之意；藻（水草），取其洁净之意；火，取其光明之意；粉米（白米），取其滋养之意；黼（斧形）取其决断之意；黻（两弓相背），取其明辨之意。天子之服十二种图纹都全，诸侯之服用龙以下七种图案，卿用藻以下四种图案，大夫用藻、火、粉、米三种图案，士用藻、火两种图案。上可以兼下，下不得兼上，界线十分分明。这些图案的意义，古人说法也不一致，估计和古代的巫术有关。日、月、星辰代表天，"山"古

图 2-7-3　团龙龙袍　明代

人认为是登天之道，历代皇帝都要到泰山区封禅，这四种图案
是皇帝都用的。"龙"是王权的象征，"华虫"近于凤，这两
种图案先秦古制是天子、三公诸侯才能用的，天子用升龙，三
公诸侯只能用降龙。"黼"，"黻"要卿以上身份才能使用。
"粉米"代表食禄丰厚，要大夫以上身份才能使用。"藻"有
文饰，"火"焰向上，要士以上身份才能使用。平民穿衣，不
准有文饰，称为白衣，所以后来称庶民为白丁。刘禹锡《陋室
铭》中有"谈笑有鸿儒，往来无白丁"的诗句，可见封建士大
夫有标榜自己的身份和附庸风雅的世风（图 2-7-3）。

周代，日、月、星辰这三章已画于旌旗之上，不再用于礼
服，国君在最隆重的祭祀场合，也只穿九章之服。

大裘冕作为国君祭天之服，是周代君王祭服六种形制之一，
由冕冠、衣裳、羔裘、蔽膝、大带、佩绶等组成。冕冠的版上
不用垂旒。羔裘则用黑羊皮制成。衣用玄色（黑），裳用浅红

色，以应天玄地黄的观念，不论天子还是卿大夫均用此色。国君上衣五章：山、龙、华虫、宗彝、藻；下裳四章：火、粉、黼、黻。公侯贵卿跟随国君祭祀，所用章纹逐级递减（图2-7-4）。

历朝都把服饰"以下僭上"看作犯禁的行为，弄得不好会丢脑袋。据说，曹植的妻子因违反当时的规定穿了不该她穿的绣衣，被曹操看见"还家赐死"（《三国志·魏书·崔琰传》注引《世语》）。曹操自己犯法可以"以发代头"，对儿媳妇倒执法不阿起来。有的朝代惩罚轻些，如元朝律令，当官的倘若服饰僭上，罚停职一年，一年后降级使用；平民如果僭越，罚打五十大板，没收违制的服饰，"付告捉者充赏"（《元史·舆

图2-7-4　夹衣正反面　明代

服志》）。即使某些时期法令稍有松弛，服饰僭上至少也要受到舆论的谴责（图2-7-5）。

中国传统社会素以等级森严为主要特点，但历朝历代总不乏试图逾越等级之辈。在明清时期，官补制度虽规定甚详，但以下僭上、以贱充贵之事却屡见不鲜。尤其是明代，创制伊始，补服图案曾多次更定，特别是中后期，违制现象屡有发生，冒滥之事在所难免。逾制者多为武官，拥兵自重，朝廷往往视而不见，听之任之。因此，明代墓葬出土之官补与墓主身份多不一致，但皆低品就高品，而绝无高品而着低品者（图2-7-6）。

明初常服与公服都是乌纱帽、团领衫、束带。洪武六年规定一、二品用杂色文绮、绫罗、彩绣，帽珠用玉；三至五品用

图2-7-5 皇子衮服圆补 清代

图2-7-6　文六品方补　清代

杂色文绮、绫罗，帽顶用金，帽珠除玉外可随便使用。六至九品用杂色文绮、绫罗，帽顶用银，帽珠玛瑙、水晶、香木。一至六品穿四爪龙（蟒），许用金绣。洪武二十三年定制，文官衣自领至裔（衣边），去地1寸，袖长过手，回复至肘。公、侯、驸马，与文官同。武官去地5寸，袖长过手7寸。洪武二十四年定制，公、侯、驸马、伯，服绣麒麟、白泽。前文中所述的常服，就是著名的品服，也是传统戏曲所采用的官服形式。这些不同的鸟纹兽纹，都设计于方形框架之内，布置于团领衫的前胸和后背，下围装金饰玉的腰带，极其壮观（图2-7-7～图2-7-15）。

明《大学衍义补遗》卷九十八说："我朝定制，品官各有花样。公、侯、驸马、伯，服绣麒麟、白泽，不在文武之数；文武一品至九品，皆有应服花样，文官用飞鸟，像其文采也，武官用走兽，像其猛鸷也。"接着讲明朝的常服，可由各级官

图 2-7-7 文一品方补 清代

图 2-7-8 武三品方补 清代

图 2-7-9　武一品　麒麟纹方补（一）　清代

图 2-7-10　武一品　麒麟纹方补（二）　清代

图 2-7-11　武一品　麒麟纹方补（三）　清代

图 2-7-12　素缎麒麟纹补服　清代

员按其等级根据规定款式自制，不像宋代是由政府统一制作定时分赐。常服上可兼下，下不得僭上。一般文官都能遵循制度服用，武官往往违反制度穿公侯伯及一品之服，自熊罴至海马（即五品至九品）的服装，不但穿的人极少，而制造的人也几乎断绝了（图2-7-16～图2-7-20）。

官员竟然如此随意，可想民间更甚。明代由于印染、刺绣、

图2-7-13　月白缎平金彩绣云龙袷朝袍　清代

图 2-7-14　石青缂丝彩云金龙纹裕朝褂　清代

提花、缂丝、推纱、镶嵌等服装工艺大大提高，又由于"花楼机"的改进和推广，人们能够在各种面料上织出变幻无穷的图案花纹，从而设计制作出无数美不胜收的服饰佳作。爱美的女性们极尽华丽装束之能事，让自己的美丽发挥到了极致。那些小康人家的闺秀，大户人家的婢女都以争穿朝廷明令禁止过的大红丝绣为时髦，就连那些身份低微的优伶、娼妓，也都是绫罗裹身，珠翠满头，与贵妇人争娇竞媚。至于富豪缙绅的衣着，

图 2-7-15　康熙皇帝后孝诚仁皇后朝服像　清代

图 2-7-16　皇后九龙九凤冠　明代

图 2-7-17　贵族蟒纹女服　明代

图 2-7-18　凤纹铜鎏金冠饰　辽代

图 2-7-19　皇帝冬朝官帽　清代

图 2-7-20　九品夏朝官帽　清代

更是花样不断翻新。据顾起元《客座赘语·服饰》记载：南京妇女衣饰，在嘉靖、隆庆年间，还是十多年一变。自万历以后，则是不到二、三年，首髻之大小高低，衣袂之宽狭修短，花钿之样式，渲染之颜色，以及鬓发之饰，履綦之上，都有了新的变化。

　　明代民间市井男女服饰的革命现象，表明人们已不再顾及统治者那一套旨在严格区分贵贱和等级的服饰制度的繁文缛节，而是要突出自我、张扬个性，使得尊卑无等，贵贱不分，各取所好。这从侧面也反映了明代后期"天崩地裂"的大转变时期的社会生活情况，折射出封建末世黎庶百姓的世俗心态。同时它也说明了伴随着商品经济的不断发展、社会的向前推进，热爱美、追求美且要用美来充实生活的内容，已成为明代社会各阶层共同的追求目标，透露出整个社会滚滚向前发展的绮丽曙光。

三、忠孝篇

（一）修身养性，孝悌要道

"孝"与"悌"被看作既是人之所以为人（即做人）的一种天经地义的纲纪要求，又是一个人"修身养性"，追求"仁"、实践"仁"的根本，在《论语》中，有关"孝悌"的章节达16处之多，足以显示孝悌观念在儒家学说中的地位。同时，这种观念已深深地沉淀于我国民族的心中，对中华民族道德文化产生了极其深远的影响。在孝悌中间，孔子更重视孝，认为这是"本"："孝弟也者，其为仁之本与！"何者谓孝？一是合礼。子曰："生，事之以礼；死，葬之以礼，祭之以礼（《为政》）。"生前死后都能以礼待之，便是孝。二是真正奉养。子曰："今之孝者，是谓能养。至于犬马，皆能有养。不敬，何以别乎？"

从周代开始，将凶服分为五等，即斩衰、齐衰、大功、小功、缌麻，合称"五衰"或称"五服"。这五种服饰的形制和材质都有区别，穿着时间的长短也不一样，完全根据亲疏关系而定。古代孝服是一种超稳定的服饰，从周代开始，一直到民国时期，都被沿用。这既根源于汉民族以"孝"为最高的"礼"的道德观念，也由于人们的尊古观念，不能违制，特别是在治丧中不能违制。"五服"代表了血缘关系的远近，时至今日，丧服的某些元素依然存在，而且人们常有"出了五服的亲戚"的说法，即是以是否按古制必须穿丧服来区别亲戚血缘关系的远近，"出了五服"就说明这种关系比较远了。其实，古人也是这么论的，在《礼记·孔子闲居》中，孔子称："无声之乐，无体之礼，无服之丧，此之谓三无……'凡民有丧，匍匐救之'无服之丧也。"意思是说：没有声而有着和悦的乐，没有仪节而有着诚挚的礼，没有服制而有着同情的丧。这就叫作"三无"。《诗经·邶风·谷风》说"凡民有丧，匍匐救之（凡是人家有了死丧，我都竭力赶去帮忙），其思想接近无服之丧。"无服之丧"日后成为了成语，指对没有丧服关系（出了五服）的人所表示的悲恻与同情，比喻关心他人疾苦，不限于亲友故旧。

五服都是由粗疏的麻布上衣、下裳，头上、腰上系的麻绳、草鞋等元素组成。头上系的麻绳称为"首绖"，腰上系的称为"腰绖"。根据亲疏关系，守孝人的饮食和睡寝用品也有各种具体规定，有的人只是禁酒，有的则不许吃荤，有的人甚至不能吃干饭，只可喝粥，以表示心情的哀痛（图3-1-1）。

五服中的斩衰为最重的丧服，以极粗劣、极稀疏的生麻布制成，按规定这种麻布的密度只能用3升。1升为80缕，3升，即在二尺二寸（合今73cm）的宽幅上用240根经纱，这是空隙极大的织物。衰即指上衣，制作时将麻布斩断，不能缝边，散着毛边，称为"斩"。穿斩衰的关系是：儿子、未嫁之女为死去的父母，重孙为死去的祖父，父亲为死去的长子，儿媳为死去的公婆，妻妾为死去的丈夫，臣子为死去的君王。服期三年，去除本年，实际上为两周年。男子戴丧冠，女子用丧髻，扎首绖、腰绖，脚上穿"菅履"即菅草编制的草鞋，胸前另缀有一小块麻布，称"缞"。手上还要时刻握着一根"苴杖"即哭丧棒，表示哀痛得不能站立，要靠扶杖才能行走。齐衰次于斩衰，也以粗麻布为衣，所不同的是衣服的边缘可以缝整齐，有别于斩衰的毛边，故名"齐衰"。具体服期分为四等：一是父卒为母、为继母；母为长子，都服三年，去除本年，实为两年；二是父在为母，夫为妻，服期一年，守孝时必须执杖，故又称"杖期"；三是男子为伯叔父母、为兄弟，出嫁的女子为父母，孙子、孙女为祖父母，服期也是一年，但不执杖，称"不杖期"。四是为曾祖父母，服期三月。齐衰，男子也戴丧冠，女用丧髻、绖带、绳屦等一应俱全（图3-1-2）。

大功次于齐衰。因以"大功布"缝制而得名。大功布是一种熟麻布，其色微白，质地也比齐衰为细，其密度用8～9升。

图 3-1-1　古代丧服形制

男子为已出嫁的姊妹及姑母，或为堂兄弟；为丈夫之祖父母、伯叔父母服丧，都用此服，服期为 9 个月。

小功又次于大功。也以熟麻布制成，麻布质地较大功更细，密度通常在 10 ~ 11 升之间。男子为伯叔祖父母、堂伯叔父母、再从兄弟、堂姊妹、外祖父母；女子为丈夫之姑母姊妹及妯娌服丧，都用此服，服期为5个月。

　　缌麻是五服中最轻的一种，所以衣服的质地也最细，通常用15升细麻布制成，其布精如丝帛，首绖和腰绖也用细麻布为之。凡为族曾祖父母、族祖父母、族父母、族兄弟，为外孙、甥、婿、岳父母、舅父等服丧，则用此服。服期为三个月。身有官职的人遇到父母之丧，必须辞职回去守孝，居丧期间不能处理公务，因为悲伤过甚，容易误事，同时也不能婚娶，不能赴宴，不能应试，这种"丧假"称为"丁忧去职"。如果身居要职而不能离任，或丧期未满被强令赴任，古代称之"夺情"。

　　春秋时期，齐国大夫晏婴死了父亲，他就服斩衰，缚"首绖"、系"腰绖"、执"苴棒"、着"菅覆"，这全副装备，就是所谓的"披麻戴孝"。除此之外，还要吃粥，住在草棚里，铺禾秆为席，垫草为枕。这样的苦日子要过三年，以寄托丧亲的哀痛。晏婴身为齐国大夫身居高位，仍能够按照春秋国服丧伦理以及礼教束缚行事，孔子很提倡晏婴的精神，赞赏道："三年之丧，达乎天子。父母之丧，无贵贱，一也（《礼记·中庸》）。"

　　后周武帝母亲叱奴太后死，武帝居于草庐，朝夕供米，群臣上表劝谏了数十天后才停止，又穿衰麻制服听朝三年。但这种习俗于儿孙妨碍太大，有损健康，往往搞得体羸形变，柴毁骨立，风吹即到。以后又逐渐做了一些修正。

　　军中将士遇有亲丧，无法奔丧，只能在军中带丧从戎，这个时候也要穿着丧服，不过这种丧服与普通丧服有所不同，普通丧服多用麻布的本色或白色，而这种丧服则多染成黑色，古称"墨衰"。

　　《左传·僖公三十三年》及《史记·秦本纪》记载了这样一段故事，公元前682年冬，晋文公重耳刚刚去世，还没有下葬，秦国军队引兵袭郑不成，决定攻打与晋同姓的滑国，晋文公之子晋襄公大怒，说：秦国欺侮我丧父，趁着我服丧打我的滑国。于是"子墨衰绖",换上染成黑色的丧服,发兵去袭秦军,这就是著名的"殽之战"。晋军大胜,秦军没有一人能够逃脱。"晋于是始墨" 晋国从此用了黑色为丧服,形成习俗。

　　"人生五伦孝为先,自古孝为百行源"。关于"孝悌"内容甚多,二十四孝即是孝中之大成。从上述实践"孝悌"的几个层次要求来看,孔子的孝悌观,既注重"养",更注重"情",是要求人们通过道德的自律(即礼的规范要求)达到道德的自觉,以实现对父兄尊长的孝与悌。这种从物质到精神的孝悌观,对中国传统思想文化及民族道德精神的形成产生了极其深远的影响,而且时至今日,对我们构建和谐社会,仍具有一定的现实意义(图3-1-3)。家庭作为社会的细胞,无疑是我们构

图 3-1-2　披麻戴孝

图 3-1-3　全家按身份穿丧服致哀

建和谐社会的基石。一个人对父母、对家庭成员的态度，也的确能反映出他对社会的态度及其所承担的社会责任。这恰恰是考察一个人思想品德和行为作风的有效途径。

当然，孔子的孝悌观随着时代的发展，有些具体的要求的确已不合时宜，但其基本精神的"人文情结"及其对稳定社会秩序，促进人与人和谐、和睦的积极进步作用，却是不容置疑的。任何一种学术思想都不可能是一成不变的，需要与时俱进，科学发展。对待孔子学说，我们绝对不能完全否定，甚至歪曲破坏，而应当以科学的态度，"剔除糟粕，汲取精华"，继承并发展，使之为构建和谐社会发挥新的不可替代的作用。

《孝经》在《开宗明义》中引述孔子与弟子曾参的对话，孔子说："身体发肤，受之父母，不敢毁伤，孝之始也；立身行道，扬名于后世，以显父母，孝之终也。"这段话的意思是说：一个人的身体，甚至一根头发和一点皮肤，都是承受于父母，不敢稍有毁伤，这就是孝道的开始。之后才是树立人格，推行道义让自己的名字传播后世，让父母为之显耀起来，完成孝道的终极。在孔子眼中，保护发头不受损伤与孝道联系起来，使崇尚"百善孝为先"的中国人把头发当成了不得的大事。当然这只是孝悌的具体体现之一（图3-1-4）。

"孝悌"是一个人实践"仁"的根本，或者说是基础。孔子为什么要将"孝悌"作为"仁"之本，是基于孔子对"人性"，即人之所为人的认识，或者说"觉悟"的结果。在孔子看来，人类之所以会脱离动物的愚昧而走向文明，最关键的是人除了具有动物的血缘本能情感之外，还有理性的亲情伦理关系，这是人类区别于动物类的最重要的标志。而维护这种亲情伦理关系，进而演生成人类社会秩序的，就是"孝"及由"孝"而生的"悌"。所以说，"孝悌"观念是人类伦理道德诸因素中的最本源、最基本的因素，人类只有发扬光大这种善端才能维护住人类生存、发展所必须的社会秩序，由野蛮走向文明，最终

图 3-1-4　送葬的队伍

实现"大同社会"的理想。真可谓"上古孝理至要道，我道同中有不同"。

（二）鞭打芦花

　　二十四孝的故事颂扬的是我国古代伦理道德的典范。其中"鞭打芦花"的故事曾被改编为戏剧等文艺作品。说的是古时候有位大孝子，名叫闵子骞，他本是圣人的门徒，一位大贤。他的父亲闵德公是大夫，他的母亲早年病故，父亲又续了弦。李氏女过门来又生了二子。她偏爱自己的亲生儿子，却虐待闵子骞。对亲生儿子呵护有加，时刻惦念，见子骞疾苦，却不以为然。这一年天寒霜雪降，李氏给亲生儿做了一身棉裤棉袄，在里面絮的是最好的丝绵。袄为秋冬之服，常为"夹袄"或"棉袄"，多为大襟，长度一般及膝，这种长度像我们今天的短大衣了（图 3-2-1）。继母给子骞也做了一身棉裤棉袄，在里面絮的却是芦花团。芦花从表面上看起来又厚又暖，实际虽厚却不能御寒。腊月初八，闵员外命子骞、子文随自己赴宴，小弟兄们跟随马后。行至在村外，遍野荒郊天又下雪，阵阵的朔风像钢针往肉里钻，冻得闵子骞嗦嗦发抖拿不住马鞭。闵员外勒住马缰回头看，只见子骞冻得直打颤，缩成了一团，可见次子不觉得冷，洋洋得意。"你们俩穿戴一样，为什么他不冷？一定是你这奴才偷懒！"说着话，怒冲冲翻身下马，夺过了皮鞭向子骞打去，抽得他在雪地里打滚，他揪住皮鞭苦苦哀求爹爹饶恕，猛一鞭给打破了棉衫，芦花絮飞满了雪地，闵员外捡起一看是芦花！忙回身把次子的衣服撕开看，见里面絮的却是最好的丝绵。才明白自己冤枉了子骞！忙脱下自己的外衣，给子骞披上。闵员外气愤之下要写休书休掉李氏，子骞双膝跪下，泪流满面求爹爹宽容："母亲在，是两兄弟们暖，我一个人寒，母亲一走，撇下我们兄弟三人会更可怜的？倘若爹再给我们另续个继母，兄弟们和我一样可怜……"李氏又羞又愧，决意痛改前非，闵员外见子骞这样宽厚，便收回休妻之意。后来全家大团圆，留下了万古贤名（《鞭打芦花》一书）。曾有诗赞曰："闵氏有贤郎，何曾怨后娘；车前留母在，三子免风霜。"

闵子骞的仁爱和宽容拯救了全家，正是孔子所说：做到尊五美、屏四恶。何谓五美？"君子惠而不费，劳而不怨，欲而不贪，泰而不骄，威而不猛。"何谓四恶？"不教而杀谓之虐；不戒视成谓之暴，慢令致期谓之贼，犹之与人也，出纳之吝，谓之有司（《论语·尧曰》）。"这些是对君子从政的一种带有理想色彩的要求，是以"中和"为原则，融道德与政治为一体，混修己与治人为一团，故求"克己"；对人，要求"爱人"。二者统一于"仁"之中，是修己之学的两个支点，是其后儒家修身、齐家、治国、平天下的先导，对中国士人政治思维影响极大。直至今天我们所倡导的"八荣八耻"都是在用仁爱、爱

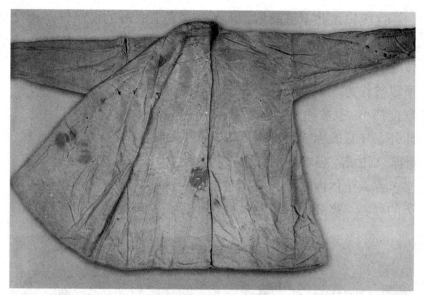

图 3-2-1　西周浅黄色褐长衣

人加之现代伦理道德观念，用以规范人们的道德行为和建设和谐社会。

（三）与子同袍，王于兴师

在现代汉语口语中，有"汗衫"一词，多为年长者使用，年轻人已羞于使用，换言之"衬衫"。其实，汗衫的称呼历史悠久，始自汉高祖刘邦。五代后唐马缟《中华古今注》称："汗衫，盖三代之衬衣也。《礼》曰中单，汉高祖与楚交战，归帐中汗透，遂改名汗衫。"意思是说，汗衫是夏商周时的衬衣，《礼记》中称之为"中单"，汉高祖与楚霸王项羽交战，归帐时汗透中单，遂把中单改名为汗衫（图 3-3-1）。

　　这段记述并不可全信，因为毕竟是五代时的说法，距离汉高祖的时代已有千载，但至少提供给我们两个信息：汗衫是贴体之衣，汗衫原称为中单。汗衫是紧贴肌肤、承受汗泽之衣，所以被称为"泽""汗襦"；因其与古人宽博的外衣相比，长度、宽度都小，也被称为"小衣"；因其用料单薄，还被称为"中单"。此外，汗衫的称呼还有亵衣、胁衣、衵服、鄙袒、祇裯、汗襦、䙅袢、厕褕等。亵衣是贴身内衣的总称，因不可示人故用一"亵"字。古人上体内衣大约有两种形制，汗衫一类，另一类则与今天的背心、裹肚、胸罩相类似。中国人穿亵衣历史在典籍中的

图 3-3-1　浅黄地织凤鸟花卉纹绢面棉袍　战国

记载可以追溯到先秦。《礼记·檀弓》记载："季康之子母死，陈袭衣，敬姜曰：'妇人不饰，不敢见舅姑，将有四方之宾来，袭衣何为陈于斯？'命撤之。"敬姜为季康子从祖母，她教训季康子：四方的客人就要来了，袭衣怎么还放在这儿？季康子是西周时人，这段记载说明那个时候女人已穿袭衣，死了陪葬袭衣。其实，周时女子的袭衣还有一个专用名称"袥服"。《左传·宣公九年》记载："陈灵公与孔宁、仪行父通于夏姬，皆衷其袥服，以戏于朝。"唐杜预注引《字林》指出袥服是"妇人近身内衣也"。本指贴身内衣，这里引申为穿在里面的意思。袥服是否为女性专用，也有疑问。如《后汉书·文苑传》记载，曹操爱惜祢衡之才，祢衡推病不见，曹操怀忿，召为鼓史，并在大会宾客时让所有的鼓手脱衣改穿"岑牟单绞之服"，岑牟即鼓角士胄，单绞即苍黄色小裈。祢衡"先解袥衣，次释余服，裸身而立，徐取岑牟、单绞而着之，毕，复参挝而去，颜色不怍。"祢衡脱下自己身上的"袥衣"，换上"岑牟单绞"，说明此时"袥衣"也是男子内衣的名称。男子所穿的袭衣称为"泽"。泽，即指汗液，用做服装之名即指贴体纳湿之内衣。说到泽，要提及一首著名的诗《无衣》："岂曰无衣？与子同袍。王于兴师，修我戈矛，与子同仇！岂曰无衣？与子同泽。王于兴师，修我矛戟，与子偕作！岂曰无衣？与子同裳。王于兴师，修我甲兵，与子偕行！"

《无衣》出自《诗经·秦风》，是一首慷慨从军之歌。据考证，此诗反映的是公元前 771 年，那位曾烽火戏诸侯的周幽王因奢侈淫逸，国弱兵残，其岳父申侯趁机勾结犬戎攻入国都，幽王死，周域大半沦落，于是周平王举室东迁。秦国靠近王畿，与周王室休戚相关。因此，秦地百姓响应秦襄王兴师御敌的号召，同仇敌忾，一鼓作气击退了侵扰的贼兵。士兵的同仇敌忾：不要担心上战场没有衣服穿，我借给你，大家一起穿。有意思的是，这首诗中的主人公所提的三种服装，都是贴体内衣。以

图3-3-2　褐黄色罗镶印金彩绘花边广袖袍衫　南宋

往人们在注释这首诗时，往往将袍说成是外穿的战袍，忽略在周幽王时代"袍"与"泽"一样都是内衣，"裳"则是紧贴下体之衣，连这样的衣服也相互通用，说明战友间的感情之深，同赴国难之慷慨，也说明从军者之贫寒。为什么只对无内衣而担忧而不提外衣呢，因为周幽王时代，军队服饰已健全。但那个时代发军装，大约只发外衣，内衣需要自理了，不像今天的军队被服中配备有特肥的绿布裤衩（图3-3-2）。

"与子同袍，王于兴师"是一曲同仇敌忾的战歌，袍、泽是内衣，裳紧贴于体，军者与贫寒之间身心相连，同仇敌忾，齐心御敌，激发了将士精忠报国，奋勇疆场。足见以服饰昭人，具有鼓舞人心的力量（图3-3-3）。

图 3-3-3　紫灰棉纱滚边窄袖衫　南宋

（四）《钗头凤》欢情错，分钗断带锦书莫

陆游是南宋时期著名的爱国诗人。他出生于越州山阳一个殷实的书香之家，幼年时期，正值金人南侵，常随家人四处逃难。这时，他母舅唐诚一家与陆家交往甚多。唐诚有一女儿，名唤唐婉，字蕙仙，文静灵秀，不善言语却善解人意。与年龄相仿的陆游情意十分相投，两人青梅竹马，耳鬓厮磨，虽在兵荒马乱之中，两个不谙世事的少年仍然相伴度过了一段两小无猜的美好时光。随着年龄的增长，一种萦绕心肠的情愫在两人心中渐渐滋生了。

　　青春年华的陆游与唐婉都擅长诗词，他们常借诗词倾诉衷肠，花前月下，两人出双入对，吟诗作赋，吟诵唱和，丽影宛如一双翩跹于花叶中的彩蝶，眉目中洋溢着幸福与和谐。两家父母和亲朋好友，也都认为他们是天造地设的一对，于是陆家就以一双精美无比的家传凤钗作为信物，定下了唐家这门亲上加亲的婚事。

　　成年后，唐婉便成了陆家的媳妇。婚后两人相敬如宾，更是情爱绵绵。陆游此时已经为荫补登仕郎，但这只是进仕为官的第一步，紧接着还有赴临安参加"锁厅试"以及礼部会试。陆游之母唐氏是一位威严而专横的女性。她一心盼望儿子陆游金榜题名，登科进官，以便光耀门庭。陆母怕唐婉耽误陆游的前途，对唐婉大加训斥，命她以丈夫的科举前途为重。此后对儿媳大为反感，并算得陆、唐两人八字不合，命陆游"速修一纸休书，将唐婉休弃，否则老身与之同尽。"此话一说，犹如晴天霹雳，吓得陆游不知所措。待陆母将唐婉的种种不是数落一番，陆游心中悲如刀绞，素来孝顺的他，面对态度坚决的母亲，除了暗自饮泣，别无他法。

　　这种情形在今天看来似乎不合常理，两个人的感情岂容他人干涉。但在崇尚孝道的古代社会，母命就是圣旨，为人子的陆游不得不从。就这样一对情深意切的鸳鸯被活活拆散了。陆游与唐婉难舍难分，藕断丝连。陆母严令两人断绝来往并为陆游另娶一位王氏为妻。彻底切断了陆、唐之间的悠悠情丝。

　　陆游唐婉分离十年后的一个春天里，已是 31 岁的陆游，春日时光无心赏花，心情忧郁，独自漫游沈家花园，借酒浇愁之时，陆游意外地看见了也在游园的唐婉，还有她的新丈夫。

　　尽管陆游这时已经与唐婉分离十年之久，但是他的内心对唐婉的那一份感情并没有消失。可是当年的爱妻，而今已归他人。礼部会试的失利，两小无猜婚姻的结束，此时悲痛之情，顿时涌上心头。思绪冲顶，他想夺路逃去，唐婉劈面挡路，迎着陆游上去。一碗黄藤酒，送过去。陆游凝噎，热泪凄然，他埋首，接过黄藤苦酒。陆游突然触电——碰到了唐婉的红酥手。然后陆游捧杯，一饮而尽。回首，在粉墙之上，挥笔题下了那一首千古绝唱《钗头凤》——

红酥手，黄藤酒，满城春色宫墙柳。

东风恶，欢情薄，一怀愁绪，几年离索。

错！错！错！

春如旧，人空瘦，泪痕红浥鲛绡透。

桃花落，闲池阁，山盟虽在，锦书难托。

莫！莫！莫！

再婚后并未忘情的唐婉，第二年春天，抱着一种莫名的憧憬，再一次来到沈园，徘徊在曲径回廊之间，忽然瞥见去年陆游的题诗。反复吟诵，想起往日二人作诗和赋的情景，不由得泪流满面，心潮起伏，不知不觉中和了一首词，题在陆游的词后。

世情恶，人情薄，雨送黄昏花易落。

晓风干，泪痕残，欲笺心事，独倚斜阑。

难！难！难！

人成个，今非昨，病魂常似秋千索。

角声寒，夜阑珊，怕人询问，咽泪装欢。

瞒！瞒！瞒！

唐婉是一个极重情谊的女子，与陆游的爱情本是十分完美的结合，却毁于世俗的风雨中。赵士程虽然重新给了她感情的抚慰，但毕竟曾经沧海难为水。与陆游那份刻骨铭心的感情始终留在她情感世界的最深处。自从看到了陆游的题词，她的心就再难以平静。追忆似水的往昔，叹惜无奈的世事，感情的烈火煎熬着她，使她日渐憔悴，悒郁而疾。

陆游忍痛，探视唐婉时，唐婉已经病入膏肓，药石无效。曾经是一位纤纤丽人，已被病魔折磨得形销骨立，奄奄一息。

陆游惶惑地走入她的卧室，拽开蚊帐，病人半靠着床，伸出一只瘦骨嶙峋的手，一把拽住陆游的手，吃力地抖动着嘴唇，透过模糊的泪水，陆游看见一张枯瘦蜡黄的脸，两个深深的眼窝，眸子已失去了光泽……

陆游双膝扑地跪在地上，两人相对无言。

唐婉颤颤抖抖的手在枕头下摸索着，最后掏出一张皱塌塌的纸递给陆游，陆游莫名其妙接过来一看，原来正是她写在沈园的那首《钗头凤》，这充满着泣血的哀怨之情，殷切之痛，溢于言表。

唐婉在秋意萧瑟的一天化作一片落叶悄悄随风逝去。生命不足而立之年。只留下一首多情的《钗头凤》，令后人为之唏嘘叹息。

唐婉走后，一别音容两渺茫。

在陆游诗集里，多次提到绍兴沈园与唐婉的会面。直到陆游85岁去世前一年，还写了《春游》绝诗。念念不忘唐婉。诗中这样表白：

沈家园里花如锦，半是当年识放翁。

也信美人终作土，不堪幽梦太匆匆。

陆游对唐婉算是一往情深了。因为封建礼教的束缚？因为陆游自己的懦弱？无论什么，他失去了无辜早逝的唐婉。陆游至死都一直收藏着唐婉的心爱之物，就是他们的定情信物凤钗。

一只凤钗体现了陆游、唐婉两人的恋情至死不渝，成为了精神的载体，物质载体。它承载了人们忠诚、贞洁、节烈的气节，或者说它"物化"了人们对爱情的忠贞。这支情深意浓的"凤钗"，让世世代代青年男女咀嚼品味，刻骨铭心！

在古代固定头发的用具中簪和钗是最重要的两种，所不同的是，簪男女通用，钗则是女性专用。簪为独根，形如木棍，钗为分叉状，形如叉子。最早"钗"字被写作"叉"，就因为其造型与树的枝杈十分相像。用分叉的钗固定头发显然比独根的簪固定性更强，古代男子的发髻简单，独根的簪就够用了，而女子的发髻复杂，特别是假发的出现，非钗是固定不了的。有的横插，有的竖插，有的侧斜插，也有自下而上倒插的，有时一枝钗根本不管用，就有了左右对插的，最多者在两鬓各插六支，合为12支（图3-4-1）。

发钗的普及大约在西汉晚期，自此以后，它一直是我国妇女的主要头饰之一。直到现在，一些女孩子所用的发夹就是由发钗演变而来。发钗在头顶与簪一样成为装饰和显示财富的象

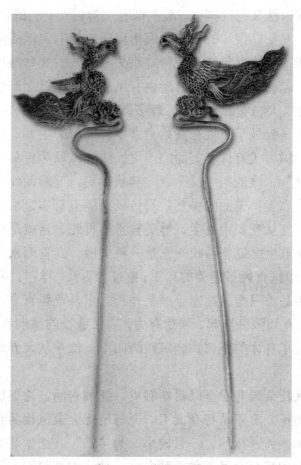

图3-4-1 龙凤钗一对

征。历史上，钗有用黄金制成的金钗、白银制成的银钗，此外还有玉钗、铜钗、琉璃钗，以及各种珠宝制成的宝钗、灵钗、瑟瑟钗。发钗除了在质料及长短上有所区别外，主要的特点还在于钗首上的不同装饰，特别是那些以镂空工艺制作的各种繁复纹饰，美不胜收。如在钗首雕凿蟠龙之形，即为"蟠龙钗"（《古今注记载》）。蟠龙钗，梁冀妇所制，也就是那个发明了愁眉啼妆的妇人又发明了这种龙形钗。在钗首装饰鸾鸟，也为历代妇女所崇尚。尤其在结婚首饰中，更为常见，因为鸾鸟在民间一直被视为吉祥之禽。饰有鸾鸟的发钗，被称为"鸾钗"。它的具体做法又有区别，一般多饰有一对鸾鸟，名谓"对鸾钗"也有称"双头鸾钗"的。《金瓶梅词话》第七回记西门庆娶孟玉楼时所下聘礼就包括了这种"双头鸾钗"。鸾鸟与凤凰常常联系在一起，有了鸾钗，自然也有凤钗。以凤凰之形装饰的发钗，更受广大妇女的欢迎，一般多做成一对，安插于左右两鬓。据说这种凤钗最早出现在秦始皇宫中。凤钗的主要造型——凤凰，在中国古代有许多美丽的传说。传说凤凰为百鸟之王，雄的叫"凤"，雌的叫"凰"，"其状如鸡，五彩而纹"，是百鸟中最为高贵、美丽的神鸟。居传凤凰满五百岁之后，便集香木自焚，复从死灰中更生，鲜美异常不再死，这就是凤凰"涅槃"浴火重生之说。因此，它是一种美丽、高贵而永不消失的神鸟，是中国百姓最喜爱的鸟王，象征着喜庆、祥和、国泰民安。

钗头是一只金凤站立于一朵祥云之上，双腿直立，胸脯向前突出，双翅张开竖起，强劲有力，高大蓬松的尾羽高高翘起，几乎覆盖了身体的全部。金凤眼睛向下，似乎从天界俯瞰着凡尘俗世。

金凤及朵云几乎全以累丝制成，纤细秀丽，造型优美，色彩艳丽纯正，真正是巧夺天工，无与伦比。金凤钗共有一对，一支稍大，为"凤"；一只较小，为"凰"，造型基本一致。只是稍大的那只金凤更加强劲有力，稍小的那只则多了些纤细柔美。整体风格高贵华美，精致细腻，充分反映了古代高超的金银工艺。

历代的钗都有着繁复的装饰，集多种工艺而成。特别是在唐代，无论是达官贵妇还是平民女子，莫不以钗作为必备的装饰品，但工艺精美、材质珍贵的钗，却只能是贵妇才能享用。以唐代诗人王建的诗为例，他的诗中既有帝王身边的美人视昂贵的钗如草芥的描写："美人醉起无次第，堕钗遗佩满中庭，此时但愿可君意，回昼为宵亦不寐。年年奉君君莫弃（《白纻歌二首之二》）。"也有对贫家女子惜铜钗如玉的描写："贫女铜钗惜如玉，失却来寻一日哭。嫁时女伴与作妆，头戴此钗如凤凰（《失钗怨》）。"女伴送的一枝铜钗就是贫家女的唯一新婚首饰，戴在头上像凤凰一样，却再也找不到了，怎能不泪水涟涟呢。正所谓"岂知一枝凤钗价，沽得数村蜗舍人（唐代崔萱《豪家妓》）。"一枝凤钗的价格够数个村庄百姓喝一顿酒的。

钗作为女性装饰之物，蕴涵了一层爱情因素，历史上也有夫妻分别时将钗折成两半各留一半的传统"分钗断带""镜破钗分"，表达的都是这种别离之意（图3-4-2）。南朝梁陆罩《闺怨》诗："自怜断带日，偏恨分钗时。"清代钱泳《履园丛话·杂记下·刘王氏》："县令乃赋一诗刻诸墓上云：'分钗劈凤已联年，就义何妨晚慨愍。'"南朝陈徐德言《破镜》诗："镜与人俱去，镜归人未归，当复姮娥影，空留明月辉。"唐代白居易《长恨歌》："唯将旧物表深情，钿合金钗寄将去。钗留一股合一扇，钗擘黄金合分钿。"

如果在发钗上装缀一个可以活动的花枝，并在花枝上垂以珠玉等饰物，这就成了另一种首饰，名为"步摇"，因为插着这种首饰，走起路来，随着步履的颤动，钗上的珠玉会自然地摇曳。《释名·释首饰》："步摇，上有垂珠，步则摇曳。"说的就是这种情况。步摇最早见于战国宋玉的《风赋》："主

图 3-4-2 金钗一对

人之女，垂珠步摇。"南朝梁范靖妻有一首《咏步摇花诗》，
将当时的步摇形制和妇女插着步摇走路时的动人风姿刻画得惟
妙惟肖，诗称："珠华萦翡翠，宝叶间金琼。剪荷不似制，为
花如自生。低枝拂绣领。微步动摇琼。"这是一种制成树杈状
的步摇，枝杈上缀着饰物，随步摇动。唐代的步摇形制，与汉
魏时有较大差异，一般多用金玉制成鸟雀之形，在鸟雀的口中
衔着一挂珠串，随着人体的震动，珠串会晃动摇颤。"步摇"
这个名称到了明清时已不多用，尽管类似的首饰仍然存在，但
这个动人的名字消失了，多少有些令人遗憾。

（五）怒发冲冠，壮怀激烈

怒发冲冠，凭栏处，潇潇雨歇。
抬望眼，仰天长啸，壮怀激烈。
三十功名尘与土，
八千里路云和月。
莫等闲白了少年头，空悲切。
靖康耻，犹未雪；
臣子恨，何时灭！
驾长车踏破贺兰山缺。
壮志饥餐胡虏肉，
笑谈渴饮匈奴血。
待从头，收拾旧山河，朝天阙。

——岳飞《满江红》

岳飞是我国南宋时期的著名抗金将领，他出身贫寒却心忧国家，20岁应募"敢战士"，身经百战，屡建奇功，其爱国的胸怀激励着一代代青年。他爱好诗词，但流传甚少。《满江红》一首最为著名，表达了岳飞抗金的伟大抱负和壮志难酬的深沉慨叹，风格悲壮，意气风发。一直流传至今，其壮怀激烈之志仍铿锵豪迈（图3-5-1）。

南宋高宗继位后，召岳飞进京，母子离别时，岳飞的母亲为了使儿子永远做忠臣，在他背上刺了"精忠报国"四个字。后因坚持抗敌，反对议和，为奸相秦桧以"莫须有"的罪名诬陷，将他害死在风波亭。岳飞虽死，但岳母训子报国的故事和岳飞抗金卫国的英雄事迹却千古流传。

《宋史·岳飞传》有记载，当岳飞入狱之初，秦桧等密议让何铸审讯。岳飞义正词严，力陈抗金军功，爱国何罪之有？并当着何铸面"裂裳以背示铸，有'精忠报国'四大字，深入

图 3-5-1　岳飞像

肤里"。凛凛浩然正气，令何铸之辈汗颜词穷。

　　"岳母刺字"的故事最早见于《精忠说岳》中：当年义军领袖杨幺的手下王佐想劝说岳飞入伙，以"十个马蹄金，几十粒大珠子，一件猩红战袍，一条羊脂玉玲珑带"为礼，以"天下者，非一人之天下，惟有德者居之"之古语为理苦苦相劝，但岳飞不为所动。岳母恐日后还有不肖之徒前来勾引岳飞，倘若一时失察受惑，做出不忠之事，英名就会毁于一旦。于是祷告上苍神灵和祖宗，在岳飞背上刺了"精忠报国"四字。岳母刺字时，先在岳飞脊背上，用毛笔书写，再用绣花针刺就，然后涂以醋墨，使之永不褪色。这抑或是用文身以明志吧！

　　在中国，文身的历史起码可以上溯三千五百年，被用于刑罚之上，称谓"墨刑"。我国《尚书·尧典》所记载的，流宥的五刑，"墨刑"即属于其中之一。《水浒传》中的三十六天罡，大半都入过狱，每个人脸上都刺了字如"刺配"之类。其中浪子燕青更是全身文了一身的花牡丹。可见当时文身技术已经达到了相当高的水平。岳母在岳飞背上"精忠报国"四个字来激励儿子奋勇杀敌，可见在宋元时，文身是一件社会公认的英雄行径，而为豪侠仁义之士所乐意接受。岳飞背负母训舍身疆场，奋勇杀敌，被奉为炎黄子孙的民族英雄。这也给文身也增添了几分豪气，不论侠士还是绿林好汉都因为文身而更壮一番男子气概。

在西方，文身曾一度变得很时髦，除大部分人为表示地位、爱美和表现勇敢而文身外，也有人为迷信而文身。"文身可以保命"这样的迷信说法，在西方比较流行。在那里有的海员在四肢都刺上"十"字，说是可以不被鲨鱼吃掉，而在脚上刺上猪和鸡的图案，意在防止淹死。

美国NBA的著名篮球运动员阿伦·艾弗森身上有多少文身，已不大容易能数的清楚了，不过他脖子上的那个"忠"字倒是人人皆知，艾弗森把这个汉字理解成了对自己理想的忠诚。

我国自古以来以爱国主义为人生的崇高价值。我们大力提倡的"忠"，是忠于民族、忠于祖国、忠于人民的忠，是责任心、事业心的体现，是每一个国民的崇高职责。岳飞一生出入疆场，英勇抗击侵略，坚决反对外戚侵略，精忠报国，其爱国主义精神和坚贞不屈的民族气节为历代人们所敬仰。但不论是把"忠"字文于肌肤，还是把忠义气节铭刻于心，都是人们人生理想和价值观念的表现。

（六）忠孝鉴日月，感物涕盈襟

中国民间有一个神话，佃农董永是个孝子，家境贫寒，父亲去世，他无钱安葬，就决定卖身为奴，为主家干粗活来偿还葬父欠下的债。此事传到天庭，感动了天上的七仙女，七仙女喜爱他的纯朴勤劳、孝顺，毅然来到人间要与他结为夫妻。"大槐树"也竟然开口为他们做媒婚配。董永卖身的主家要七仙女织绸百匹才可为董永赎身，放他夫妻俩回家，情急之下七仙女找来她天上的六个姐姐帮忙，织机上姐妹们飞梭引线，昼夜不停，最终才使得董永还债赎身，夫妻双双把家还。董永的孝父之心感动天地，换来了重生。

名闻天下的"美人计"，说的是春秋时期，诸侯争霸。强凌弱、众暴寡，由此引发的战争连年不断。越王勾践在会稽山一战，负于吴王夫差，沦为败寇。虽卧薪尝胆，却无力收复失去的河山。为雪会稽之耻，图复国大业，采用谋臣文仲所献灭吴之计，其中之一便是名闻天下的"美人计"。越国的浣纱女西施因国色天香且聪明智慧，便成了这计中之人。山野浣纱女西施为国献青春，担起了复国的重任，最终不辱使命，为越国战胜吴国做出了巨大贡献，因而便有了巾帼献身救国的故事。这是个脍炙人口、凄楚哀怨的美女悲剧。

其实浣纱就是洗衣，是妇女的日常家务。我国历代妇女作"女红"也被认定是女性日常家务，指的是女孩子们应掌握的手工技巧，如织、绣、缝纫、钩、编等。一方面是生存的必需，有其实用性、装饰性；另一方面反映了一种亲情和家庭伦理上的人文含义。劳动人民的勤劳、朴实、勤俭、忠诚、善良，都是德育教育中的重要内容，也都浸润在了服饰文化之中。作为中华民族的优秀精神文化，在传承和影响着后代。过去在城乡中出售的年画，许多宣传内容是与德育教育、忠孝有关的。旧时，百姓家爱在墙上贴的画，有"二十四孝"图，岳母刺字"精忠报国"图，"穆桂英挂帅"图，"杨家将、木兰从军"图等，也是在宣传、教育人们要效仿"忠"和"孝"的行为规范（图3-6-1）。

我国的抗日战争经历了小米加步枪的年代，前方战士英勇杀敌、流血牺牲，大后方军民运公粮、纳军鞋、做被服支援前线。他们把对侵略者的仇恨和保家卫国的抗战热情与忠诚，缝在了千针万线中，层层棉絮里。在这里温暖化作了温情，温情转化成"道义担天下"的胸襟和气节。

图 3-6-1　女孝经图（局部）　南宋

只要是看过《红岩》小说和有关电影、歌剧的人都知道"绣红旗"的动人故事。经史实考证，在新中国成立前夕，被关押在重庆渣滓洞集中营的江竹筠、孙明霞等共产党员们，虽然身陷囹圄，饱受酷刑和监狱非人生活的煎熬，但是她们在女牢里怀着对革命胜利建立新中国的期盼和向往，用在狱中身边仅有的针线和布料绣制出了一面五星红旗。"线儿长，针儿密，含着热泪绣红旗，热泪随着针线走，与其说是悲不如说是喜。多少年，多少代，今天终于盼到你！千分情，万分爱，化作金星绣红旗，平日刀丛不眨眼，今日里心跳分外急，一针针一线线，绣出一片新天地。"她们没有亲身感受到革命的胜利，牺牲在国民党反动派的屠杀中，只把一片丹心留给了后人。

"文革"时，在绿军装红海洋里，大多数红卫兵的军绿挎包上，都流行着用红绒线绣成的毛主席的头像以及"为人民服务"的字样，这也是一种情绪的表达，情感的寄托。

这缝缝绣绣，飞针走线，承载了、寄托了人们忠贞报国的气节，"物化"了人们对理想的憧憬，对忠于自己信念的坚贞不屈精神。服饰文化真正成为了精神的载体、物质的载体。

四、节俭篇

（一）衣不重帛

"昔晋国苦奢，文公以俭矫之，乃衣不重帛，食不兼肉。未几时，人皆大布之衣，脱粟之饭。"这句出自《尹文子·大道上》的话记载了春秋五霸之一的晋文公（重耳）一段反奢侈的故事，说当时晋国奢侈之风盛行，文公以自身的节俭矫正这种风气，"衣不重帛，食不兼肉"，即不穿重重相叠的衣服，吃饭不吃两道肉食。在他的带动下，不久，人们都穿布衣，吃糙米饭。"衣不重帛，食不兼肉"形容人们在衣、食上的节俭朴素。晋文公"衣不重帛"以示节俭的对立面为"衣重帛"，而这正是这一时期一种新的外衣形制的特点（图 4-1-1）。

图 4-1-1　浅黄地织对凤对龙纹绢面棉袍　战国

图 4-1-2　彩绘木俑　汉代

　　春秋战国之交，一种新的外衣样式出现了，与之前的上衣下裳制外衣相比，它将上衣下裳缝在一起，成为一种上装、下装通连的长式外衣。它的右前襟压在里面，包覆在外的左前襟横向接出一条三角形的布片，其宽度不是仅够拉至右腋为止，而是尖角足以绕至体后用衣带固定，甚至可以像包粽子一样，左前襟在身体上缠绕数层，衣襟在身体上现出数道弧线，这种衣式就是深衣。深衣之所以为称为深衣，是因为它"衣裳相连，被体深邃"，也就是这种样式可以将身体深藏（图 4-1-2）。

　　尽管深衣是上下相连的服装，但制作时上下分裁，故上下不通缝，上下不通幅，分别裁剪后在腰际缝合，上半部仍称衣，下半部仍称裳。从这些特征看，深衣是衣裳形制的继承。但深衣 "连衣裳而纯之采者"，即深衣是衣裳缝合且同色，这与上衣下裳往往不同颜色相比，表现出深衣的上下一体性（图4-1-3～图4-1-5）。

图 4-1-3　皇帝冕服　汉代

图 4-1-4　六博木俑　西汉

图 4-1-5　交领曲裾服饰　汉代

关于深衣的形制,主要是"曲裾"和"直裾","续衽勾边"主要是描述曲裾的形制特点。古人称后衣下摆为"裾",深衣外襟接续三角形布块绕至身后,故后衣下摆不平直,称之为"曲裾"。之所以采用"曲裾",是因为如果采用"直裾",人行走、屈身都会很困难。"续衽勾边"是《礼记》对曲裾深衣的描述,其特征令后代学者多有争议。20世纪70年代,长沙马王堆西汉墓的发掘对解释这个问题具有重要意义。在这座墓中,不仅出土了震惊世界的保存完好的女尸,出土的大量服装实物也堪称国之重宝。其中新奇绣锦缘裾深衣为我们验证了有关"续衽勾边"的不同解说。"衽"指"衣襟",所谓"续"指的是左衣襟被接续的三角形布片,"勾边"指的就是"曲裾"(图4-1-6、图4-1-7)。

图 4-1-6 官员朝服 唐代

图 4-1-7　男子曲裾服饰　汉代

　　深衣在功能上是士大夫的居家之服，也是平民百姓的礼服，"可以为文，可以为武，可以摈相（迎引宾客）"，男女通用，"完而不费"，功能完备且不费布料。深衣在长度上的要求"短毋见肤，长毋被土"，短不得露出体肤，长不得拖在地上，这样一种长度，考虑到它的"续衽勾边"，其实深衣所费布料绝对不少，当时的贫穷之人平常大约只有当作礼服穿，平时应依然以短衣短裳为日常服装。由此推测在外奔波 19 年，吃过无数的苦才登上王位的晋文公重耳应该就是反对深衣的浪费，才"衣不重帛"的。

（二）节俭度日传佳话

服饰形之于外，因此节俭与奢侈必然要在服饰上表现出来。我们的民族是以勤俭为美德的，所以有不少"荆钗布衣"的美谈流传下来（图4-2-1～图4-2-4）。

"荆钗布衣"的故事产生于汉代，缘于一对令百代艳羡的佳偶——梁鸿、孟光。梁鸿因家贫好学，重于操守，知名四方；孟光为富家之女，贤德有名，但肥丑而黑，能力举石臼。当时许多人愿将美丽的女儿许于梁鸿，但他偏与孟光相互仰慕而订结终身。初婚时，孟光高兴地穿着锦绣衣服，戴着金银珠宝饰物，可是梁鸿却皱着眉不理不睬。孟光问梁鸿何故，梁鸿说，我闻你贤德有名，想不到你这样爱打扮，岂是我的心愿。孟光脱去新娘绮罗之服，从此以荆为钗，粗布为裙，操持家务，每月为梁鸿做好饭，举案齐眉，以示敬重，后随梁鸿隐居霸陵山中。称自己的妻子卑称为"拙荆"也源于这个故事。"荆钗布裙"；荆枝作钗，粗布为裙，形容妇女装束朴素，指贫穷或节俭的妇女简陋寒素的服饰。这一典故出自《太平御览》卷七一八引皇

图4-2-1　木簪、银簪　明代

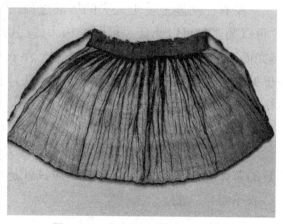

图4-2-2　褐色罗印花褶裥裙　南宋

甫谧《列女传》："梁鸿妻孟光，荆钗布裙。"可谓"荆钗布衣"当时色，万金宠赠不如土。

历朝历代，一枝金钗或是其他一件寻常首饰往往是平民家庭全部财产的象征，可以世代相传，一旦遗失将是终生的打

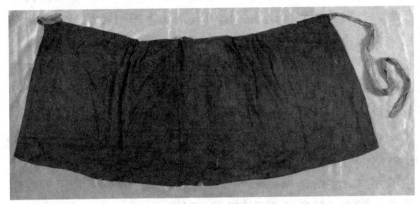

图 4-2-3　夹裙　宋代

图 4-2-4　棕黄底儿瑞花印花绢褶裙　唐代

击。而以一枝金钗为心爱的夫君换来美酒，则是一个女子多么一往情深的情愫啊！唐代诗人元稹就经历了这样的爱情。他在《遣悲怀三首》之一中描写了早逝的妻子韦丛和他的贫贱生活："谢公最小偏怜女，自嫁黔娄百事乖。顾我无衣搜荩箧，泥他沽酒拔金钗。野蔬充膳甘长藿，落叶添薪仰古槐。今日俸钱过十万，与君营奠复营斋。"诗中以东晋宰相谢安最宠爱的侄女谢道韫借指韦丛，以战国时齐国的贫士黔娄自喻。"百事乖"指任何事都不顺遂。中间四句话是说：看到我没有可替换的衣服，就翻箱倒柜去搜寻；我身边没钱，死乞白赖地缠她买酒；她就拔下头上金钗去换钱。平常家里只能用豆叶之类的野菜充饥，她却吃得很香甜；没有柴烧，她便靠老槐树飘落的枯叶以作薪炊……韦丛是高官富贵人家的小姐，下嫁给当时还是穷书生的元稹，生活拮据，而韦丛没有怨言，一心一意和元稹艰难度日，而这样贤良的妻子却在结婚七年之后早逝。元稹终于有了高官厚禄，但是已经无法弥补对韦丛的感激之情，回想往事只能用祭奠和请僧道超度的办法来表达心中之爱了。理解了这首诗，就理解了元稹为什么写下"曾经沧海难为水，除却巫山不是云。取次花丛懒回顾，半缘修道半缘君（《离思》）。"这首诗了，这就是为韦丛所写的纪念诗词（图4-2-5、图

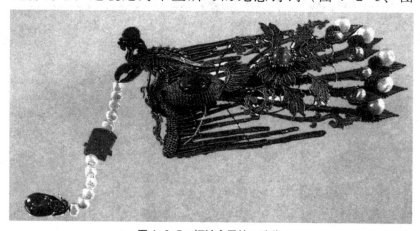

图4-2-5 铜镀金凤簪 清代

图 4-2-6　银镀金灯笼流苏　清代

4-2-6）。

　　当然，社会在发展，生活在不断提高，"荆钗布衣"绝不是我们追求的目标。我们的穿着应该越来越美，越来越精细和舒适。但是不爱慕虚荣，崇尚勤俭的美德，是我们世世代代应继续发扬光大的。

（三）勤俭廉政与纸醉金迷

　　服饰现象，往往是社会风气俭奢的晴雨表。当然，在议论服饰奢侈与否的问题时，有两点是必须明确的：第一点是随着物质生产的不断发展，服饰文化必然要不断地丰富起来，这是历史发展的规律；第二点是人们在条件许可的情况下美化自己的穿着打扮，完全是正常现象（图4-3-1、图4-3-2）。杨白劳那么贫苦，在躲债之际还不忘为喜儿"扯上二尺红头绳"，

图4-3-1　戴织金锦帽、穿织金锦袍与半袖的贵族　清代

图4-3-2　古代百姓服饰

这或者是常说的"爱美是人的天性"吧！

在剥削制度下社会财富集中在少数人手里，大多数劳动者则挣扎在饥寒交迫之中。创造服饰文化的人享受不到服饰文化的成果。这是剥削制度下无法回避的一个大矛盾。古来有许多有识之士，对服饰奢侈都是极力反对的。墨子把统治者"厚作敛于百姓，暴夺民衣食之财，以为锦绣文采靡曼之衣，铸金以为钩，珠玉以为佩，女工作文采，男工作刻镂，以为身服"，视为国乱之因，提出国君"欲天下之治"，"为衣服不可不节（《墨子·辞过》）"。他是要统治者戒奢。

战国风云，千变万化。有一次秦国攻击赵国，邯郸告急，将要投降，平原君极为焦虑。邯郸宾馆吏员的儿子李同劝说平原君道：您不担忧赵国灭亡吗？平原君说：赵国灭亡那我就要做俘虏，为什么不担忧呢？李同说：邯郸的百姓，拿人骨当柴烧，交换孩子当饭吃，可以说危急至极了，可是您的后宫姬妾侍女数以百计，侍女穿着丝绸绣衣，精美饭菜吃不完，而百姓却"褐衣不完"，连酒渣谷皮也吃不饱（糟糠不厌）。百姓困乏，兵器用尽，有的人削尖木头当长矛箭矢，而您的珍宝玩器铜钟玉磬照旧无损。假使秦军攻破赵国，您怎么能有这些东西？假若赵国得以保全，您又何愁没有这些东西？现在您果真能命令夫人以下的全体人编到士兵队伍中，分别承担守城劳役，把家里所有的东西全都分发下去供士兵享用，士兵正当危急困苦的时候，是很容易感恩戴德的。平原君采纳了李同的意见，得到敢于冒死的士兵三千人。李同也加入了三千人的队伍中与秦军决一死战，秦军因此被击退了三十里。这时凑巧楚、魏两国的救兵到达，秦军便撤走了。李同在同秦军作战时阵亡，他的父亲被赐封为李侯。

　　这是《史记·平原君虞卿列传》中的一段故事，这一次赵国不亡的关键，是平原君把所有的宝物散发给"褐衣不完"的百姓，赢得了民心，才有了"敢死之士"。什么是"褐衣不完"呢？褐是一种粗麻、粗毛为材料制成的衣服，连这种衣服都破烂不堪，可见生活困苦。其实，"褐"正是古代穷人的主要服装，比寻常布衣还低一等。在形制上，平民服装与贵族的宽袍大袖相区别，多为紧身短衣，襦、袄为平民日常穿的衣服，其中穷人之襦、袄用粗麻布制成，由于这种衣服体窄袖小，所以称为"短褐"，又称"裋褐"（图4-3-3、图4-3-4）。

　　汉唐盛世可算是中国历册上最光辉的篇章了。汉代武帝时国威最显，这固然与武帝雄才大略有关，但主要是文景之治为国力打下基础。汉文帝是历代皇帝中较俭朴的一个，班固说他"身衣弋绨（黑色的较粗厚的丝织物），所幸慎夫人衣不曳地，帷帐无文绣，以示淳朴为天下先"（《汉书·文帝纪》）。汉景帝死的前一年还下诏，要"天下务农桑"，在温饱的基础上"素有蓄积"，而不要搞"雕文刻镂""锦绣纂组"（《汉书·景帝纪》）。文帝、景帝二代在俭朴的社会风气中平稳地发展经济，是汉朝强盛的开始。唐代极盛于开元、天宝年间，也和唐玄宗即位之初狠煞奢侈风气有关。玄宗即位后，姚崇、宋璟为相，

图 4-3-3　流民图一

图 4-3-4　流民图二

屡以奢靡为谏，"玄宗悉命宫中出奇服，焚之于殿廷，不许士庶服锦绣珠翠之服，自是采捕渐息，风教日淳"（《旧唐书·五行志》）。可见盛唐也是反奢侈才兴盛起来的（图 4-3-5、图 4-3-6）。

　　盛极而衰而乱，而走下坡路，与奢侈之风复炽有关。宋徽宗大观四年，蔡嶷奏："臣观辇毂之下，士庶之间，侈靡之风，曾未少革……倡优下贱，得为后饰，殆有甚于汉儒之所太息者。雕文纂组之日新，金珠奇巧制相胜，富者既以自夸，贫者耻其

图 4-3-5　龙凤袍　明代

图 4-3-6　皇后六龙三凤冠　明代

不若，则人欲何由而少定哉！"（《政和五礼新议》）"辇毂之下"是说皇帝车驾之下，借指京城。宋徽宗不像汉文帝，他对这种奏谏是听不进去的，他也做不到"淳朴为天下先"，因而北宋之亡，也是很自然的事（图4-3-7、图4-3-8）。

1894年，是甲午战争清政府惨遭败绩的一年，也是慈禧60大寿的一年。为了祝寿，"苏州织造"一次就为她定做了135套各色的衣料的服装，耗银三万八千多两，费工无数。据说慈禧的御衣库里，单是适合春末夏初穿的衣服就有两千多件。

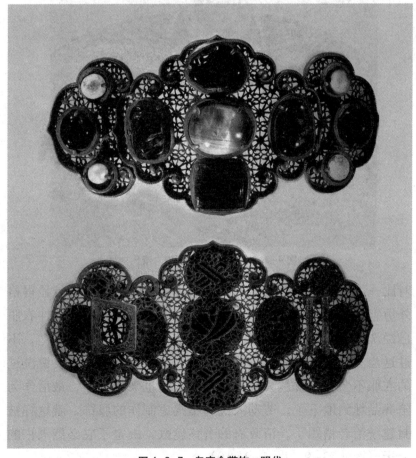

图4-3-7　皇帝金带饰　明代

图 4-3-8　康熙皇帝朝服像　清代

对比一下经历过安史之乱的唐肃宗，慈禧的穷奢极欲就显得格外厉害了。唐肃宗曾经伸出衣袖给近臣看，说："朕这件衣服已经洗过三次了。"他的意思当然是显示自己的"节俭"，不过这当然也仅仅只是皇帝的"节俭"。至于慈禧，不要说洗过的衣服不会穿，就是大部分崭新的衣服也来不及穿，最后作为陪葬品埋到地下了。劳动人民殚精竭虑制作的服饰，就这样被封建统治者糟蹋了。清政府的奢侈腐败，决定了它必然灭亡的命运（图 4-3-9、图 4-3-10）。

图 4-3-9 慈禧太后传世照片 清代

图 4-3-10 慈禧太后照片 清代

慈禧太后头戴钿子，穿宽袖大裾团寿纹氅衣，外套如意云头领，对襟排穗下摆坎肩，前挂念珠，手戴金护指。大约在咸丰、同治期间，京城贵族妇女衣饰镶滚花边的道数越来越多，有"十八镶"之称。

（四）粗布远近交，公服圆领袍

在战国时期的诸侯兼并之时，范雎为秦相 12 年（公元前 266 年起），他积极推行"远交近攻"之策，进一步积累起秦国的优势。关于范雎有这样一个故事流传至今：作为魏国人的范雎本为魏国大夫须贾做事，因辞谢齐襄王的邀请，反受须贾怀疑，被毒打、污辱几近于死，后贿赂看守逃奔秦国，改名张禄，受到重用，贵为秦国之相。在闻知秦国将攻魏之时，须贾出使秦国，范雎故意着 "敝衣"步行去见他。"须贾意哀之，留与坐饮食，曰：'范叔一寒如此哉！'乃取其一绨袍以赐之。"绨袍即质地粗厚之袍。须贾知秦相张禄决定魏国命运，急于求见，范雎带着须贾去相府并把须贾独自留在了相府门外。须贾终于知道范雎即是秦相张禄，肉袒请罪，范雎历数须贾三罪，但并不杀他，而是说："然公之所以得无死者，以绨袍恋恋，有故人之意，故释公。"意思是说，你还想着给我这个旧友一件粗袍，我不杀你了。一件粗布之袍留下了千古美谈（图4-4-1～图4-4-3）。

图 4-4-1 文苑图（局部）五代
图中人物头戴的"弓脚上翘"的"幞头"形式，是五代以后开始流行起来的，圆领袍衫是当时文人雅士的主要服饰之一。

图 4-4-2 文苑图（局部）五代

古人管宁好学，结交了几个后来很著名的学友，其中一个叫华歆，两人很要好，都很出色，但他们曾发生过一件著名的绝交事件，后人称之为"割袍断义"，这是出于《世说新语》记载。当时，他们求学的时候，常常是一边读书，一边劳动，正是所谓的知行合一，并不是一味啃书本的书呆子。有一天，华歆管宁两个，在园中锄菜，说来也巧了，菜地里头竟有一块前人埋藏的黄金，锄着锄着，黄金就被管宁的锄头翻腾出来了。金子谁不喜欢呀！但是华歆、管宁他们平时读书养性，就是要摒除人性中的贪念，见了意外的财物不能动心，平时也以此相标榜。所以这时候，管宁见了黄金，就把它当作了砖石土块对待，用锄头一拨就扔到一边了。华歆在后边锄，过了一刻也见了，明知道这东西不该拿，但心里头不忍，还是拿起来看了看才扔掉。这件事说明，华歆的修行和管宁比要差着一截。过了几天，两人正在屋里读书，外头的街上有达官贵人经过，乘着华丽的车马，敲锣打鼓的，很热闹。管宁还是和没听见一样，继续认真读他的书。华歆却坐不住了，跑到门口观看，对这位达官的威仪艳羡不已。车马过去之后，华歆回到屋里，管宁却拿了一把刀子，将两人同坐的席子从中间割开，说："你呀，不配再做我的朋友啦！"

袍本是闲居之服（虽然自汉始也能上台面当朝服穿），不分上衣下裳。古人席地跪坐，一人一席，"席"大致相当于今天的垫子。可以想见两人合坐一席在古时是何等亲密之态。而且你挨着我，我靠着你合坐一起，袍服自然会互相压叠。待到

图4-4-3 帝王公服图 宋代

要绝交时,当然不会再靠在一起坐了,所以要分襟、割袍、裂席。服饰文化所承载信义伦理的轨迹可见一斑。

"袍"是古代外衣中最有生命的样式,从先秦开始一直延续到直至20世纪40年代,尽管在材质上同时代不同身份的人有所区别,在样式上各时代有所变化,但袍一直是从帝王、元首到商儒平民的通用服装。袍在先秦时是一种絮有丝绵的长式内衣,贴身穿用,所谓"袍必有表"(《礼记》)是说袍的外面必须套穿正式外衣,当时的外衣应是深衣或襜褕。襜褕是深衣类的外衣,所不同的是襜褕直裾,左衣襟右掩之后尚有余出的垂直状的一截,折后背后形成直裾。显然,襜褕是深衣的一种变化方式,是在内衣基本完善后形成的,不再采用深衣的曲裾裹紧身体,包被身体比深衣宽松。因深衣长度逾踝且被体深邃,直到西汉,襜褕基本上是女服,男子在公共场所穿襜被认为是失礼的。直到东汉,襜褕才成为迎接皇帝时可以穿的外衣,并得到了广泛认可,但此时它即将寿终正寝(图4-4-4)。

絮有新绵的袍称为"纩",用旧絮填充的袍称为"缊"。缊袍是贫寒之人的御寒之服,缘于贫寒,"缊袍不表"(不加罩外衣)的现象大量存在。《庄子·让王》称:"曾子居卫,缊袍不表。"可以肯定的是,正是这种贫寒之士的"缊袍不表"促进了袍逐渐成为了人们认可的外衣。到了汉代,妇女居家可以将袍穿在外面,并在袍的领、袖、襟、裾处镶上素色的边,使之进一步向成熟的外衣发展。同时,不论是否絮绵都称之为袍,袍的概念也扩大了。袍由内衣演化成外衣的汉代也正是襜褕逐渐兴盛的时期,两者本在形制上差别不大,并逐渐趋同,变成一种服装。魏晋时,深衣、襜褕消失了,袍正式成为主流的长式外衣。汉代之后,不仅妇女穿袍,男子也穿,不仅用做日常之服,也用作朝服,皇帝也喜穿用。隋唐时期,圆领袍兴起,成为男子常服和官员公服,并对后世产生了重要影响。直至明代,这种圆领袍依然是公服样式(图4-4-5)。

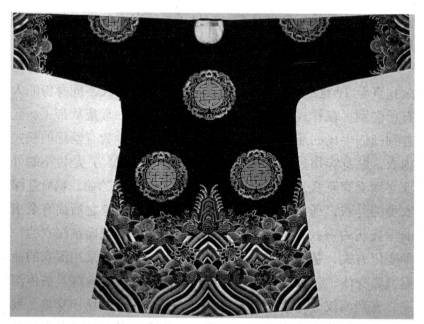

图 4-4-4　贵族服饰　清代

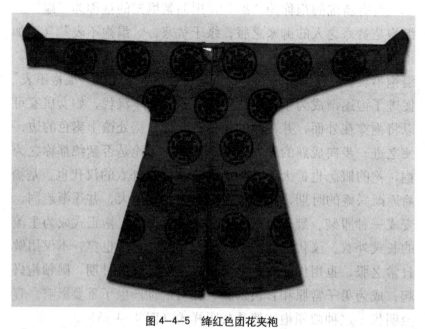

图 4-4-5　绛红色团花夹袍

（五）上行下效

《韩非子·外储说》记载：齐桓公小白偏爱穿紫色的衣服，于是国人纷纷效仿，都着紫色。在齐国一匹紫帛的价格等于五匹素（白色的）帛，小白担心了，问管仲："我爱穿紫色，搞得紫帛很贵，全国的百姓都起来喜欢穿紫色，这可怎么办？"管仲说："您要想制止，何不试试不再穿紫色呢，并令左右人传扬自己非常讨厌紫草（染料）的气味。"于是再有穿紫衣的人来进见，小白就说："向后退一点，我很烦紫色的气味。"当天，宫廷中的侍卫近臣就不穿紫衣服了，第二天，国都没人穿紫色的，第三天，全国都不穿紫色了。此外，《韩非子》还记载：邹国国君喜欢把固定头冠的缨做得很长，左右近臣也照着学，搞得这根绳子很贵。邹国国君担心了，问左右近臣怎么办。得到回答是：国君喜欢的服饰，百姓就多用，于是价格就贵，如果您外出时先自己剪短冠缨，国人就不再用长缨了（图4-5-1）。

《韩非子》的这两段故事由国君的紫、缨之好影响全国，引申为上行下效。这说明，服饰的流行有模仿尊贵者的特点，即所谓"名人效应"。这种特点犹如今天领导服饰新潮流的惯性，而当今的服饰产业也正利用消费者的这种心理"大打名人广告"。两千多年以来人同此心，可见服饰流行具有盲从性，剖析其原因就在于服饰有彰显自身的功力，其功力有政治的、行政的以及心理暗示的作用（图4-5-2）。

《后汉书·马援传》记录了一首当时的民谣："城中好高髻，四方高一尺。城中好广眉，四方且半额。城中好大袖，四方全匹帛。"显然，此时的发式与春秋时相比显出了新的流行：城里人喜欢高髻，城外的人竟梳成一尺高；城里人喜欢阔眉，城外的人竟把眉画得有半个额头之宽；城里人喜欢大袖子，城

图 4-5-1 贵族服饰 东汉

图 4-5-2 长袖舞服 西汉

外的人竟用整匹布做自己的宽袍大袖（图4-5-3）。诚然，发髻高挽、宽袍大袖有其审美观赏性，也是地位显赫、雍容华贵的外在表现，但试想城中人多为贵族高官，他们饱享俸禄、生活优越，多不用从事农织耕桑等体力劳动；而城外人则不同，倘若他们在从事生产劳动中如此着衣、如此装容那就要累赘死了。这也正是我们常说的T.P.O服饰三原则，不顾时间、地点、场合，也不论"蓝领、白领"，盲目跟风，真是既耽误事情又令人贻笑大方的。

其实这不只是一种笑谈，笔者曾经在医院皮肤外科遇到一位年轻女士托着自己流血的右手手指就医，听闻其是个印刷装订工，由于指甲留得过长，手指往装订机下送书时不到位，被装订机一下订在指甲和手指上……哎，长指甲在慈禧老佛爷饰物里见过，她那是四体不勤，现代人生活、劳动也去追求，就带来血的教训了吧。联想起当下流行的美甲艺术，也要适时适地，得悠着点儿。

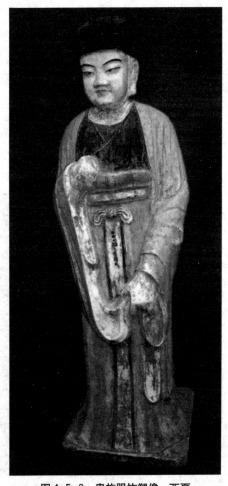

图4-5-3　贵族服饰塑像　西夏

（六）丝织锦绣为谁忙，繁华落尽悲苍凉

　　丝织与刺绣是中国古老的工艺，丝织与刺绣两种手工艺密切相连，在中国多为女性制作，古时称为"女红"。中国丝织与刺绣工艺的历史可以追溯到远古时期。中国的丝织产品不仅遍及全国，乃至世界，丝织的品种、产量、质量都相当惊人，而且自就有古代刺绣也有四大名绣"苏绣、粤绣、蜀绣、湘绣"闻名于世（图4-6-1、图4-6-2）。

　　在三国两晋南北朝时，虽说连年战乱，人民背井离乡，但统治者的奢侈生活依然，尤其在服饰上体现得较为明显。如《三国志·魏志·夏侯尚传》说："今科制，自公列侯以下，位从大将军以下，皆得服绫、锦、罗、绮、纨、素、金银镂饰之物。"又据《邺中记》载："石虎冬季所用流苏帐子，悬挂金薄织成囊；出猎时着金缕织成裤。皇后出行，用使女二千人为卤薄，

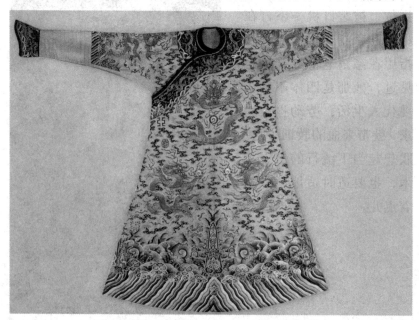

图4-6-1　明黄缎绣金龙十二章纹龙袍　清代

图 4-6-2　石失佛衣披肩
提花规矩，金线匀细，花纹光泽悦目，是元代纳石失的珍品。现藏于故宫博物院。

都着紫编巾、蜀锦裤，脚穿五文织成靴。"据《册府元龟》记载："晋惠帝宫中有锦帛四百万，当'八王之乱'时，张方兵入内殿取物，每人持御绢二匹，取了三天还没有取空一角，数量之大，实在惊人。"《蜀志》记："先主平益州，赐诸葛亮、法正、张飞、关羽锦各千匹。"

唐代是我国丝织手工业发展史上一个很重要的阶段。在这个时期，丝绸生产各个部门的分工更加精细，花式品种更加繁复，丝绸产区更加扩大，织造技术也大为提高，贡赋的丝绸也是名目繁多、花式新颖（图4-6-3）。

图4-6-3　联珠对马纹锦（新疆吐鲁番阿斯塔那出土）　唐代

唐朝初年，全国分为十个道，各道每年要向朝廷交纳一定数量的贡赋，丝织品是贡赋中很重要的一项。当时各道作为贡赋向朝廷交纳的丝织品，名目繁多，花式新颖，例如，河南的方纹绫，豫州的鸡鹣绫、双丝绫，兖州的镜花绫，青州的仙文绫，河北的孔雀罗、春罗，定州的两窠䌷绫，山南道荆州的交梭縠子，阆州的重莲绫，江南的水波绫，越州的吴绫，益州的高杼衫段（缎）等都是花色绮丽的高级丝织品。

在唐代，朝廷使用大量的丝织与刺绣，因此特设专署机构——织染署，掌织造天子太子及群臣的冠冕、组绶及织染锦、罗、纱、縠、绸、䌷、绢、布（图4-6-4）。特织品有瑞锦、宫绫，织成对雉、斗羊、翔凤、游麟等形状，章彩绮丽，织法是唐初贵族所创（图4-6-5～图4-6-7）。这些特制品，设专官监视，不许流传到外面，一年中用费和织成的匹数，都得奏明。每当掖庭织锦，特给酒羊，七月七日（夏历）祭杼乞巧。唐代宗时，下诏

图4-6-4 深黄绫刺绣花鸟纹香囊 唐代

图 4-6-5　联珠鸾鸟纹锦（新疆
吐鲁番阿斯塔那出土）　唐代

图 4-6-6　联珠对鸭纹锦　唐代

图 4-6-7　联珠花树对鹿纹锦　唐代

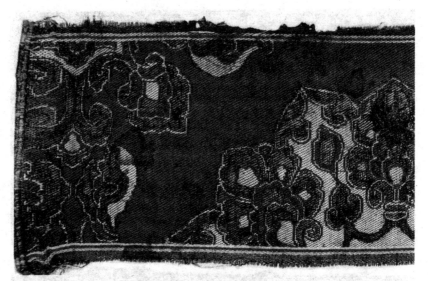

图 4-6-8　宝相花纹锦（新疆吐鲁番阿斯塔那出土）　唐代

说，在外所织造的大张锦、独软锦、瑞锦等并宜禁断；义绫锦花文织成盘龙、对凤、麒麟、狮子、天马、辟邪、孔雀、仙鹤、芝草、万字、双胜及羌样文字（梵字）等也应禁断。照诏书所说，瑞锦宫绫的织法也流传在外面，并且花样繁多，技巧不比内作差。织染署所领作坊有绫锦坊巧儿三百六十五人，内作使绫匠八十三人，掖庭绫匠一百五十人，内作巧儿四十二人。杨贵妃得宠，专为贵妃院做工的织工绣工多至七百人，其中自然有很多织锦巧儿。

据唐代陆龟蒙《锦裙记》载："侍御史赵邢李君家，珍藏有古锦裙一幅，长四尺，下阔六寸，上减四寸半。左绣仙鹤二十，势若飞起，率曲折一胫，口中衔花；右绣鹦鹉二十，耸肩舒尾，四周满布以花卉纹、极细的花边，点缀以金钿之类。"如果我们再结合当年的织绣实物，就完全可以清楚地看到，衣裙上的精美刺绣着实为服饰形象增添了无限的光彩（图 4-6-8、图 4-6-9）。

四大名绣之一的蜀绣，早在晋代就被称为"蜀中之宝"。

图4-6-9 宝相花衣边 唐代

一千多年来，逐步形成针法严谨、片线光亮、针脚平齐、色彩明快等特点。传统针法绣技近100种，常用的有30多种，如晕针、切针、拉针、沙针、汕针等等。今见蜀绣较早记载出于汉赋家杨雄，其《蜀都赋》云："若挥锦布绣，望芒兮无幅"，另作《绣补》诗。随着蜀地丝织业的发达，蜀绣有了雄厚的基础，所以到西汉末蜀地"女工之业，覆衣天下"（《后汉书》），名声在外。刺绣基础在民间，但作为工艺，在当时仍很稀罕，因而是奢侈品，并受朝廷官府控制。汉代少府属官的东织室西织室，就是专为皇室加工缯帛文绣高级成品而设立的。因绣品显示非凡之技，所以常视之为宝。晋常璩《华阳国志》详载蜀地宝物，便将锦绣与金银珠宝同列。蜀景耀六年（公元263年）国家拨给大将姜维锦、绮、彩各20万匹，以充军资（图4-6-10、图4-6-11）。

蜀锦织造精致，质地坚韧厚重，图案丰富多彩，色调鲜艳，

图 4-6-10　蓝缎地戏曲故事屏（局部）　蜀绣

自古以来在全国享有盛名。宋代，蜀锦和定州缂丝、苏州苏绣
同为全国三大丝织工艺名产。政府每年在成都大量征调锦绫供
皇室、贵戚和大臣享用，并专门设置内衣物库。据记载，自宋
初乾德五年至南宋乾道八年，国家总收锦绫、鹿胎、透背共
9615 匹，其中成都府路占 1094 匹，占 11%。每年上贡的锦绫、
鹿胎、透背 1010 匹，成都府路贡 759 匹，占 74%，紫碧绫 180 匹，
锦 1800 匹，全部由成都府路供给。成都所产锦绫在国库收入
的高级织物中，占据着重要地位（图 4-6-12）。

蜀锦作为一种高级丝织物，要求很高的工艺，耗工多，费

图 4-6-11　红缎地五子夺魁圆镜心　蜀绣

用大。宋代成都的织锦工匠在继承前代技艺的基础上，对花色
品种又有新的发展。元人费著撰写的《蜀锦谱》记载了当时成
都上贡和市马用锦的各种花色品种（图4-6-13、图4-6-14）。
上贡用锦有八答晕、盘球、簇四金雕、葵花、六答晕、翠池狮
子、天下乐、云雁、大窠狮子、大窠马打球、宜男百花、双窠
云雁等。市马用锦有瑞草云鹤、如意牡丹、穿花凤、雪花毯露、

樱桃、水林禽、天马、飞鱼、聚八仙、金鱼、百花孔雀等。

从上述锦的品种来看。上贡用锦是专门用于皇室和各级官吏的服饰所需。《宋史·舆服志》记载了各级官吏服装用锦的不同品种。如："中书门下、枢密、皇亲、大将军以上，天下乐晕锦；三司使、学士、中丞……诸司使、厢主以上，簇四盘

图 4-6-12 "望四海贵富寿为国庆"蜀锦

图 4-6-13 月华锦（蜀锦传统工艺的体现）

图 4-6-14 红地金鱼雨丝锦

图4-6-15　红地韩仁绣彩锦

雕细锦；三司副使、宫观判官，黄狮子大锦……凡七等。"与
《蜀锦谱》所记基本一致。此外，一些达官贵人为满足自己的
奢侈享受和进贡献礼，还不惜重金招募高手匠人织造更为精丽
的"奇锦"，有的还嵌以金丝，使之更为绚丽夺目，成为锦中
之精品（图4-6-15）。

政府每年都需要大量精美的锦缎，这些全部由民间丝织工
匠"织户"和农民家庭手工业提供。宋代初年沿用了"以丝布
散于市民，至期而敛"的办法，也就是，官府每年先将丝织原
料发放给登记在册的"织户"，到时按册收取成品。由官府"预
支丝、红花、工直与机户雇织"。到真宗、仁宗时期，这种办
法已普遍推行，也成为各地区岁收和上供锦缎绢帛的主要来源。
在这种情况下，为了保证供给，官府建立了严密的匠籍制度。
特别是对那些技艺精巧的织户，要被在手背上刺字，以防逃跑
（图4-6-16）。

织户在很大程度上成为官府的御用工匠。他们的产品不是
商品，而是贡品。同时，织户在这种生产形式下也受到残酷的
剥削。他们常因摊派定额过高而备受"暴吏抑配"之苦。或者
因"钱物破用"，在官府催纳时无法交差而遭受追逼；或者因
官府"逐年减丝数工钱"，无力完成定额而惨罹"刑棰监锢"，
乃至"家业并尽"之祸；有的甚至因为无力偿付官债而被"拘

图4-6-16　方格寿纹锦

管在织作克除"，沦为官府的"债务奴隶"。很多织户因此陷于"贫不能活"的悲惨境地（图4-6-17～图4-6-21）。

宋代严格的"和买"（又称"和市"）政策，是压在织户肩上的另一副重担。每年，由度支根据

图4-6-17　织造织锦用的丁桥织机

图 4-6-18　蚕织图（局部）一　南宋

图 4-6-19　蚕织图（局部）二　南宋

图 4-6-20　蚕织图（局部）三　南宋

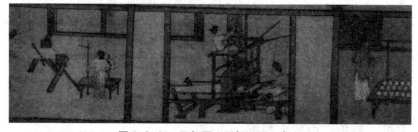

图 4-6-21　蚕织图（局部）四　南宋

需要定下各地，由地方官府负责完成。《宋史·食货志》："诸州折科和市，皆无常数。唯内库所需，则有司下其数供足。"真宗时，有一年规定在成都市锦六千匹，知益州赵积仅完成一千匹，因而"坐市锦宽纵落职"。随着宋王朝日益腐败，"和市"越来越成为专门的聚敛手段，更变成无偿征收布帛，进而变为固定的附加税。

精丽的金丝"奇锦"、贡赋丝绸都是绚丽夺目的锦中之精品。皇室贵富们这奢侈豪华的背后，统治和奴役着千万织户和绣匠，他们在这种残酷的经济剥削和奴役下，为了谋生，他们只得"燃膏继昼，幼艾竭作"。摊派和赋税忧如重重的大山压在织户肩上，压得他们负债重重，祖祖辈辈生活困窘，苦不堪言。

正可谓"朱门酒肉臭，路有冻死骨"，穷困和奢靡其贫富悬殊，令人发指，令人感叹（图4-6-22）。

图4-6-22　流民图

五、包容篇

（一）胡服骑射，强国精兵

从周代起，一些贵族子弟接受"六艺"的教育，其中有"御"（驾马车之术），有"射"，却没有"骑"。战国七雄，秦、赵、燕三国与北方游牧民族接壤，深受胡骑骚扰之苦。古代中原地区的汉人习惯将域外称为胡地，将异族人称为胡人。和赵国相邻的两个异族是东胡和楼烦，这两个民族善于骑马射箭，经常骚扰赵国的边境。赵国当时是用战车打仗，在广袤的平原上战车能发挥威力，但在北方崎岖不平的山谷，可就没有用武之地了。相反，北方游牧民族的骑兵却灵活无比，一人一骑，手执弓箭，神出鬼没，对赵国构成了极大的威胁。在与东胡和楼烦征战过程中，赵国丝毫没有占到便宜（图5-1-1）。

为改变这一被动局面，赵武灵王推行了一项重大改革：习胡人的服饰，也学习他们的骑马、射箭等武艺。之所以称之为改革是因为此时中原的服装是上衣上裳或深衣，衣袖宽大，不便于射箭，不便于骑马，为了能够像胡人的骑兵一样适合战争，就要放弃中原传统的服制，改为胡服，包括衣袖窄短之衣和合裆长裤；还有适合骑马、涉草的靴子以及胡式的有带扣的腰带等。在这次改革的背后是一幅壮丽的战争画面，其改革的含义给后世以启迪（图5-1-2）。

战国时期的赵国，国都在邯郸，疆土主要有当今河北省南部，山西省中部和陕西省东北隅。周围被齐、中山、燕、林胡、楼烦、东胡、秦、韩、魏等国包围着。赵武灵王即位前，赵国势力很弱，屡打败仗，即位后，在实行"胡服骑射"前的十几年中，赵屡败于秦、魏，其中即位后第九年，赵、魏、韩联合击秦兵败，赵军被斩首8万人，元气大伤。面对如此局面，赵武灵王的谋略是稳定东、西，向北拓展，充实国力，然后再逐鹿中原。此时，赵国已长期没有进伐过北方游牧民族。而赵国

图 5-1-1　编钟武士俑　东周　　　　　图 5-1-2　武士陶俑
该俑着窄袖长衣,腰间束带,并饰围裙,佩有剑。

原有的步兵、兵车，面对北方的地形和出没神速的骑兵，没有任何优势，想打赢就必须改变作战方式。公元前 307 年，赵国颁布了胡服令，赵武灵王推行"胡服骑射"的出发点是便于"骑射"（图 5-1-3）。

　　中原人的尊古心理决定了任何改变传统方式的做法都很难。虽然赵武灵王是位很有作为的君主，但是他的"另类观点"，在当时却是冒天下之大不韪的，遭到了大臣们、包括他叔叔的极力反对。因为，在中原地区，深衣是当时的主流服饰，人们正在乐此不疲地追求着。再加上当时的裤子（时称"袴"和"裈"，前者是套在两腿上起御寒作用的"套裤"或者是"护腿"；后者有裆，类似于今天的长裤）只是作为内衣，不能作为外服的。当时即使是那种撩起下裳，偶尔露出里面的裤子的人都会被认为很没有礼貌，赵武灵王竟然要把"内裤"完全暴露出来，这简直就是犯了大忌，能不遭到反对吗？《史记·赵世家》记载了赵武灵王与先王贵臣肥义的一段对话。武灵王说：如今我要穿胡人服装骑马射箭，并用这个教练百姓，可是世人一定要议论我，怎么办呢？肥义说："我听说做事犹疑就不会成功，行动犹豫就不会成名。您既然考虑决定承受背弃风俗的责难，那么就无需顾虑天下的议论了。追

图 5-1-3　彩绘胡人俑　唐代

求最高道德的人不附和世俗，成就大业的人不找凡夫俗子商议。从前舜用舞蹈感化三苗，禹到裸国脱去上衣，他们不是为了满足欲望和愉悦心志，而是必须用这种方法宣扬德政并取得成功。愚蠢的人事情成功了他还不明白，聪明人在事情尚无迹象的时候就能看清，那么您还犹疑什么呢！"武灵王说："穿胡服我不犹疑，我恐怕天下之人要嘲笑我。无知的人快乐，也就是聪明人的悲哀；蠢人讥笑的事，贤人却能看得清。世上有顺从我

的人，穿胡服的功效是不可估量的。即便世人都来笑我，胡地和中山国（赵国的邻国）我也一定要占有。"于是武灵王就率先穿起了胡服。当然，反对的人一大片，赵武灵王亲自上门说服了叔父公子成，赐给他胡服，第二天一同穿着胡服上朝，发布了改穿胡服的命令。这之后又说服了表示反对的大臣赵文、赵造、周袑、赵俊等人。胡服骑射率先在北部地区实行，然后才逐步推开，并以强国复仇为号召，得到了广泛认同，十余年间，赵国的军事实力大增，向北开拓了大片领土，灭掉了中山国（图5-1-4）。

武灵王不顾大臣们的反对，矢志不渝，主张"法度制令各顺其宜，衣服器械各便其用"，义无反顾地推行起胡服。赵武灵王不仅改进了服装，还引进了靴子、帽子和带子（腰带）。有利于在水草之间跋涉的有筒皮靴，便于骑马的干练、利落的

图5-1-4　唐三彩釉陶俑骑士

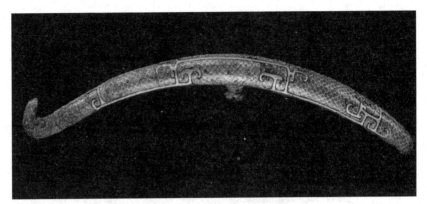

图 5-1-5　嵌宝螭龙纹带钩

长裤，长仅与上身齐、方便射箭的上衣……整套胡服穿在身上，人确实显得英武挺拔、利落多了。用皮革制成的腰带考虑得非常周全，皮带上扎有小孔，带头装一金属环扣，缀有扣针，使用时将皮带穿过环扣，收紧之后以扣针固定，不易散开。赵国还对这种腰带做了改进，除镶上金属搭扣外，还附有铸镂各种纹饰的金属牌饰。这种牌饰不但有装饰功能，还有实用价值，因为在牌饰的下端，常连着一个铰具，铰具上结有金属带钩，随身应用的东西就都可以挂在腰带上（图 5-1-5）。

战国时期的带钩，比西周初期有很大进展，用料十分讲究，有用玉做的，也有用金、银、铜、铁各种不同材料制成的。做工也都非常精细，有雕镂花纹的，镶嵌绿松石，错金嵌银的等，不一而足。当时的带钩总的来说钩体都呈 S 形，下面有柱，但式样也各不相同，有八种之多，有动物形、琵琶形，还有各种几何图形，如，长方形、圆形、正方形等。赵国采用这些服饰，极大地方便了作战，军事力量迅速增强，相继灭了中山、东胡、楼烦及雁门，疆域向北扩展千余里，以"胡服之功"，赵国一跃成为战国时期的强国（图 5-1-6 ～图 5-1-8）。

胡服骑射为中原服饰带来了新鲜血液：窄袖短衣、合裆长裤、长统靴、有带扣的"师比"（东胡鲜卑族所用的腰带钩）

图 5-1-6　玉带钩（河北平山战国中期遗址出土）

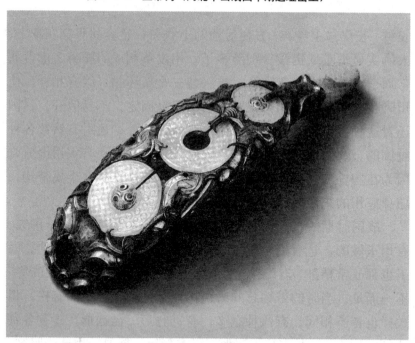

图 5-1-7　鎏金嵌玉镶琉璃银带钩　战国

腰带，还包括"赵惠文冠"（惠文王为武灵王之子）。"赵惠文冠"是一种从胡人那学来的帽式，并将原来用于御寒的貂尾改为插在冠之两侧的饰物，并加以金珰附蝉。赵武灵王通过胡服骑射使胡服融入到汉民族服饰之中，服饰样式影响了秦汉两

图 5-1-8 金银错带钩 战国

代（图 5-1-9）。

秦代所用的高山冠、术士冠以及武士所穿的黑色之裤，都直接受到胡服影响。汉代武将所戴的大冠即从"赵惠文冠"演变而来，武士所用的短衣大袍也是采用胡服遗制。在赵武灵王之后，大规模引进胡服的举动依然存在。如东汉灵帝不仅穿着

图 5-1-9　虢国夫人游春图（局部）　唐代　张萱

胡服，而且全盘采用胡人的一切生活方式，《后汉书·五行志》记载他：好胡服、胡帐、胡床、胡坐、胡饭、胡箜篌、胡笛、胡舞，以致京都贵戚都来效仿。唐代胡服非常流行，胡服的范围除少数民族服饰外，还包括外国服饰。而这些胡服的引进原因以审美、舒适为主，不像赵武灵王是为了强国精兵。胡服的引进不仅满足了政治、审美需求，同样也促进了民族的融合，对汉服饰的发展有着深远的影响。经过了两千多年的岁月变迁，一直沿用到今天（图 5-1-10～图 5-1-12）。

图 5-1-10　着胡服，头戴巾，足登靴的马夫俑　唐代

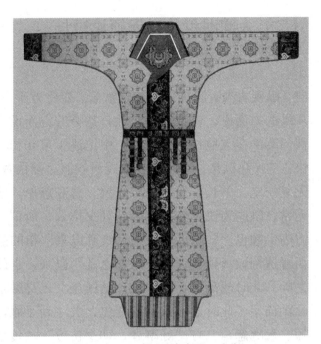

图 5-1-11　妇女翻领胡服　唐代

图 5-1-12　妇女胡服　唐代

（二）人间时世妆，无须论短长

纵观古今，服饰发展起伏跌宕，变化万千。服饰的变异性，从纵的方面说，表现为时代性；从横的方面说，则表现为流行性。葛洪在《抱朴子·讥惑》中记述了东晋初年的服饰变化之快："丧乱以来，事物屡变，冠履衣服，袖袂裁制，日月改易，无复一定，乍长乍短，一广一狭，忽高忽卑，或粗或细，所饰无常，以同为快，其好事者，朝夕仿效，所谓京辇贵大眉，远方高半额也。"葛洪所说的"丧乱以来"指的是公元 311 年，西晋遭匈奴灭顶之灾的"永嘉之乱"以来，也就是走向南北朝之际。此时战乱不止，但也正是民族文化交融走向繁盛之时。葛洪描写了此时冠履衣服的变化，关注到了服饰样式的忽长忽短、忽宽忽窄。有"好事者，朝夕仿效"，传播着服饰的流行变化。

受儒家思想影响，历代著述者往往不喜欢看到服饰"喜新厌旧"、追求流行，所以对服饰流行的记述多从批判的角度，但却挡不住人们追慕流行。唐代已有"时世妆"一词出现，指的就是最入时、最流行的妆饰。白居易专门写有《时世妆》诗："时世妆，时世妆，出自城中传四方。时世流行无远近，腮不施朱面无粉。乌膏注唇唇似泥，双眉画作八字低。妍媸黑白失本态，妆成尽似含悲啼。圆鬟无鬓堆髻样，斜红不晕赭面状……元和妆梳君记取，髻堆面赭非华风。"传播的途径和战国、东汉一样，都是传自城中，此外，诗中有了"流行"两字，正面说明了服饰的这一特色（图 5-2-1、图 5-2-2）。

白居易对元和年间（唐宪宗时期）的"流行"做了详细描写：不施朱敷粉而是赭面，嘴唇用黑唇膏染成泥色，描着悲啼形态的八字眉，圆鬟无鬓、不用斜红……并且说出这不是"华风"，应是"胡风"。唐代流行服饰中，胡风甚胜，除这种元

图 5-2-1　舞女佣　唐代

此俑头梳双髻，面饰花钿、斜红和妆靥。上穿窄袖黄绫短襦，下着曳地黄红色间条长裙。

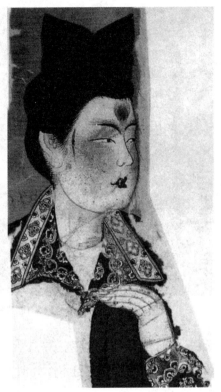

图 5-2-2　胡服美人图

美人身着翻领小袖胡服，额间贴靥子花钿。

和年间的时世妆，唐代还有唐玄宗天宝末年的时世妆，唐德宗贞元末年的时世妆等。

　　白居易在《上阳白发人》中，满怀同情地描写了玄宗末年时选入宫中的宫女，四十多年后他自己陈述："小头鞋履窄衣裳，青黛点眉眉细长。外人不见见应笑，天宝末年时世妆。"为什么要外人不要见笑呢，因为天宝末年这种小头鞋、窄衣袍、细长眉的时世妆已经过时了。服饰的流行变化就是这么快，这就是时世妆的特点。"时世妆"一词被后代广泛用在诗词之中，

图5-2-3　近代中国女装旧照

如五代时的牛峤《女冠子》："绿云高髻，点翠匀红时世。月如眉。"把"点翠匀红"作为时世妆。再如南宋朱熹写《墨梅》："如今白黑浑休问，且作人间时世妆。"陆游写《红梅》："苎萝山下越溪女，戏作长安时世妆"，则是以人比花。

时世妆换成当今词就是"时髦"。"时髦"一词出自《后汉书·顺帝纪赞》"孝顺初立，时髦允集。"李贤注："《尔雅》曰'髦俊也'。郭璞注曰：'士中之俊，犹毛中之髦'。"意思是说，"时髦"是指有英才之士。

《春秋繁露·爵国》称："十人者曰豪，百人者曰杰，千人者曰俊，万人者曰英。"可见，千里挑一的人才称为"俊"。后世"俊"有了"漂亮"的含义，"时髦"也竟转化为"时尚"之义。

服饰流行往往是一时的，时兴了一阵，好事者又会策动新的变异，造成新的趋同。正如清人贺贻孙说的："朝槿不及夕荣，春桃不及夏秀，当其趋新之时，已知其必故矣（《水田居士文集·与友人论文第二书》）。"服饰流行也是花开自有花落时，所以郑板桥说："切不可趋风气，如扬州人学京师穿衣戴帽，才赶得上，他又变了（《与江宾谷、江禹九书》）。"这确是脱俗之谈。但在这世界上，入乡随俗的人究竟占多数，所以服饰流行现象总是不会停止（图5-2-3）。因为人们的审美意识是随着时代的发展而发展变化的。人们创造美都是在一定的社会关系中进行的，必然受到社会历史条件的制约，美的创造具有时代特点。时代向前发展，审美意识也在向前发展。

（三）"肚兜"一夜春风，相思泪沾"抹胸"

服饰一方面与传统伦理道德观念息息相关，另一方面又引领时代风气和社会潮流。服饰的变化，使人们感受到时代的发展，接受着社会的革新。当内衣外穿出现的时候，服饰所表达的伦理受到了前所未有的挑战。如果是在远离沙滩或是闺房之外的地方，比基尼和内衣会让人感到触目惊心，这也就是所谓的着装场合。如今人类已然进入了一个新的轮回。在这里，个性是永恒的，这里的每一个形象都缘起于昨天。一种思想在几秒钟之内萌芽，几天之内实现，几周之后内盛行，接着，无一例外地，成为浩瀚历史长河中的沧海一粟。我们越珍视它，就能得到越多关于我们自己的故事（图5-3-1）。

　　樱花落尽阶前月，象床愁倚薰笼。

　　远似去年今日，恨还同。

　　双鬟不整云憔悴，泪沾红抹胸。

　　何处相思苦？纱窗醉梦中。

——南唐李煜《谢新恩》

图 5-3-1　肚兜里藏有"秘密"

　　乾德三年（公元 965 年）正月里的一个夜晚，寒风裹挟着
满天的暴雪，袭击了温柔乡里的金陵城（今江苏南京）。近亥
时之末，即晚上十一时许，满天飞舞的大雪终于暂时停止，蛰
伏许久的风魔此时却似乎来了精神，夹带着透骨的寒意，肆无
忌惮地咆哮着、怒号着、哀鸣着，似乎整座城都因此而战栗颤
抖。而灯火通明的瑶光殿内，却似乎是另一番光景。南唐国主
李煜独自一人，手持一管洞箫，望着案前的金屑檀槽琵琶，痴
痴出神。这把金屑檀槽琵琶的主人，就是去年刚刚仙逝的昭惠
皇后周蔷，也就是大名鼎鼎的"大周后"。

　　过去的一年，对于李煜来说，实在是糟糕透顶的一年。该
年的十月，深受后主疼爱的幼子仲宣夭亡，年仅五岁。他是周
蔷所生的第三个儿子，也是李煜最小的儿子。他聪明早慧，
深受父母钟爱。由于他的夭亡，周蔷一病不起。偏偏这时，周
后的胞妹（她就是历史上著名的"小周后"）入宫探病，这位
16 岁的美人与李煜一见倾心，随即频繁相会，日渐生情。一

阕《菩萨蛮》，写尽了这段"不伦之恋"的风流快活。

"花明月暗飞轻雾，今宵好向郎边去。刬袜步香阶，手提金缕鞋。画堂南畔见，一晌偎人颤。奴为出来难，教郎恣意怜！"

薄雾轻笼，花月朦胧的夜晚，两个人偷偷幽会，脱鞋去袜，蹑足而行。有道是"但见新人笑，不闻旧人哭"。大周后得知，病中受此打击，病情顿时急转直下，终于香消玉殒，撒手人寰。这年她刚刚 30 岁。

多情未必真无情。李后主回想起与大周后当年两情缠绻之时，二人花晨月夕，朝夕相依，何等恩爱！如今人去屋空，眼望案前的这把金屑檀槽琵琶，人故琴在，睹物伤怀，潜然泪下。

"陛下！"清脆的女声还带着一丝少女的稚气，犹如动听的银铃般入耳甘甜。李煜无力地睁开眼睛，顿觉眼前一亮。面前的这个女孩，面如傅粉，腮似含花，柳叶黛眉，樱桃朱唇，婀娜窈窕，犹如一朵含苞欲放的迎春花，娇艳诱人，明媚欲滴。玉面、粉颈、香肩上和发际、裙带间的清香，更早已随着声音扑面而来，勾引得李煜春心荡漾。她便是宫中的新宠，日后的"小周后"——周薇。看到小周后，李煜顿时便忘却了尸骨未寒的大周后。

李煜顺手一把将周薇拉坐到自己的膝盖上。说也奇怪，只要一看到周薇，李煜便没有任何忧愁，心底深处的征服欲呼之欲出。从周薇那低低的领口望去，大红牡丹花的锦缎抹胸，把女子尚未发育成熟的雪白乳房束缚得恰到好处，将胸部轮廓和曲线的美丽表现得淋漓尽致。此情此景，李煜不禁心中一热，伸手就将周薇搂在怀中……

"林花谢了春红，太匆匆，无奈朝来细雨晚来风。胭脂泪，相留醉，几时重。自是人生长恨水长东！"李煜和周薇的美好日子持续了十年。大宋开宝八年，也是一个冬夜。一片降幡再次竖立于金陵城头，南唐的城防军打开了城门，向十万宋军投降。委曲求全亦终不得苟且，卧于睡榻之侧的南唐国主李煜，和宫中的后妃宫女一起被押解上了北去的漕舟。

赵匡胤不愧为开国之君、一代英主，对李煜算是礼待有加，封侯赐官邸，连周薇也被封为郑国夫人。也许是宋太祖看透了李煜不过是花花公子，一介书生，成不了什么大气候，索性显示一下胜利者的宽宏大量。但上演"烛光斧影"全武行的赵光义，却是个狠角。从李煜一行刚刚来到汴京，赵光义一双色眼就盯上了小周后。他成了"降王宅"的常客，李煜夫妇不敢怠慢，每次周薇为他倒酒时候，他的眼睛就没有离开过那道红红的抹胸。难道是他嗜血的豺狼，对红色的物体有天生的兽性反应，抑或是大红牡丹花锦绣抹胸的后面，冰肌玉乳是对赵光义难耐的诱惑？

果然，在赵光义登基不久的一天，周薇循例入宫朝见皇后，内朝之后，刚要回府，一个小黄门把她叫住，说皇后要单独召见。谁知要召见她的哪里是什么皇后。赵光义对小周后早已垂涎三尺，想到那件大红牡丹锦绣抹胸后面的娇肤酥乳，想起沁人心脾的袭人体香，他就想立刻征服她。无论周薇怎样乞求、挣扎，如何反抗、惊叫、哀求都无法阻止赵光义兽性大发，他撕开周薇身上的粉红罗霞帔、真红罗褙子，扯下了翠纱锦罗衫、团花绫纱裙，那件让赵光义魂牵梦绕多时的大红牡丹锦绣抹胸顿时露了出来。随着周薇的心跳，抹胸上下起伏，看得赵光义饥渴难耐，而周薇的眼中噙着泪花，已经化作无限痛楚，一滴滴地洒落下来……

当月上柳梢头，清风带着梧桐花的香甜飘落在陇西郡公府的门前，李煜终于等来了一早内朝便杳无音信的周薇。一乘宫中才有的四人肩舆，走下来簪钗零乱、衣冠不整、满面泪痕的周薇。李煜顿时什么都明白了。陇西郡王府的门前，薄雾轻笼、花月朦胧，一如十多年前"划袜步香阶，手提金缕鞋"的那晚。可如今，昇州作汴州，帝后为臣虏，香袜染污泥，金鞋渺无踪，两人唯有清泪两行如旧。

此后，每逢内朝，周薇必为宋太宗留待数日。而此时，李煜则在府中纵酒狂醉，随手写尽离愁别恨。太平兴国三年（公元978）的七夕，正是李煜的生辰。为长期合法地霸占周薇，宋太宗借祝贺生日为名，赐赏给李煜一壶带毒的御酒。李煜死时极度难受，头部狂躁地向前抽搐，手脚也不停地使劲摆动，整个人头部和手脚佝偻相接，痛苦万分。

一旁的周薇此时已经无泪了，不是没有夫妻感情，而是长久以来积蓄心头的屈辱、恐惧、仇恨、痛苦和悲伤已经让她的眼泪留得干干净净。她一个人痴痴地走进李煜的卧室，把早已准备好的一匹白绫高高地掷上房梁。咣当一声响动之后，一件大红牡丹锦绣抹胸飘落在地，那一抹红色就像周薇眼中的血，就像李煜嘴角的血……

那么，"抹胸"的魅力，为什么如此诱人呢（图5-3-2、图5-3-3）？

所谓"抹胸"，据《逸雅》记载："心衣抱腹而施钩肩，钩肩之间施一裆以掩心，今之抹胸。"徐珂《清稗类钞·服饰类》曰："抹胸，胸间小衣也。一名袜腹，又名袜肚。以方尺

图5-3-2 中国古代女子内衣式样

中国古代女子的内衣是一部寄情的文化史，它在"仅覆胸乳"的不同几何形态分割中达到身体与社会表情、身体与人生价值的交相辉映，并通过这个表现的平台来传递女子不同时代与文化的价值理念，吐露内在情愫。

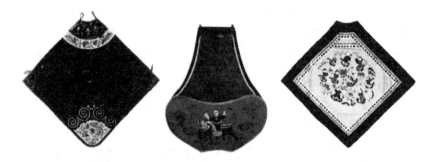

图5-3-3　中国古代女子内衣的式样

古代女子内衣在色彩安排的位置上也各不相同，有居中式、角隅式、散点式、满地式等；温情含蓄的调和法以相似、近似、同一的色彩配置经过不同的色彩面积和方位的安排，产生温情而含蓄、雅致而恬美的装饰效果。

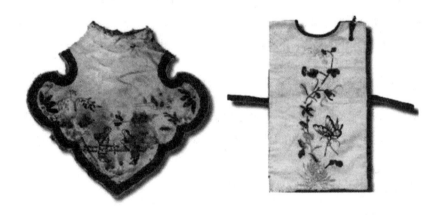

图5-3-4　中国古代女子内衣式样的变化

抹胸是一种"胸间小衣"，是"肚兜"的前身，始于南北朝，是唐宋时期内衣的称谓。结构上以紧束前胸为特征，以防风寒，用于约束和固定乳部。主腰是明清时期妇女的贴身之衣，"主"是指系扣的意思，通常为宫女所穿的款式，强调刺绣装饰。

之不为之，紧束前胸以防风之内侵者，俗谓之兜肚。"可见抹胸就是现在的肚兜。简而言之，就是古人的内衣（图5-3-4）。

强盛辉煌的大唐王朝充满了高度的自信，政治、经济、文化的全面繁荣发展，是中国古代社会的鼎盛时期，加上当时政府推行的"开放性"政策。在女装方面，唐代女子喜爱穿着半露胸式的裙装，她们将裙子高束在胸际，然后在胸下系一阔带，两肩、上胸及后背袒露，外披透明网纱，内衣若隐若现。内衣面料考究，色彩缤纷，与今天巴黎时装界倡导的"内衣外穿"之说惊人的相似。这一时期流行"诃子"。"诃子"舍去了以前内衣肩部所缀的带子，直接用美艳富丽的锦缎包裹胸部而系于腰部，其作用不再护腹，而在掩胸遮乳。其实这又何尝是在掩盖呢？不如说它是种诱惑，甚至是种"勾引"，更为恰当。在这一遮一露中，香肩藕臂、粉颈玉背、冰肌雪乳，半遮半掩，欲盖弥彰。遥想当年，"春寒赐浴华清池，温泉水滑洗凝脂"之时，杨贵妃轻移莲足，婀娜许行，嫣然一笑，让整个大唐王朝为之倾倒，未必不是穿着一件大红牡丹的锦绣"诃子"。

到了宋代，在抹胸的上端及腰间各缀有帛带，以便系扎，穿上之后，上可覆盖乳房，下可遮盖整个腹部，却不施于背，仅遮住胸部，故名"抹胸"。"人约黄昏后，月上柳梢头。"宋代女诗人朱淑真未尝不是外披褙子，内穿抹胸，在元夜佳期的花市上，伫候于丹桂树下的灯影里，遥望着永远不会出现的那个负心人。而宋代女词人李清照，也何尝不是在那个"红藕香残"的玉簟请求之夜，"轻解罗裳"，懒挥玉臂，露出大红色的锦绣抹胸，"独上兰舟"，侧卧船头，望断雁阵归来，看"月满西楼"，任"花自飘零水自流"。那几乎就是一幅最美

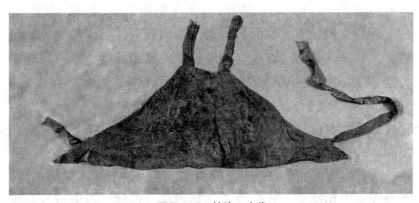

图 5-3-5　抹胸　宋代

图5-3-6　穿肚兜的儿童形象　天津杨柳青年画

的仕女图：图中女子身上穿着浅红的紧身小袄，袄上面细细绣着莲叶鱼纹，袄外面松松罩了一袭水绿色的绉纱薄衫；隐约透出来绛红抹胸，一痕雪脯。偶然明月波光，风吹裳动，越显着韵致绰约，肌光胜雪，佳人若画，说不尽千般风情、万种妩媚。这也许就是宋词中的婉约境界（图5-3-5）。

　　明代之后，妇女已普遍有使用肚兜的习惯，当时叫"兜子"，俗称抹胸，是用布料两块，斜裁，上尖下平而成。清代的抹胸有两种款式，一种是短小贴身的，缚于胸腹之间，俗称"肚兜"；另一种是束于腰腹之间的，称为"抹胸肚"。《清稗类钞》记载："抹胸，胸间小衣也，一名抹腹，又名抹肚；以方尺之布为之，紧束前胸，以防风寒内侵者，俗称兜肚。男女皆有之（图5-3-6）。"

　　清代内衣称"肚兜"，一般做成菱形。上有带，穿时套在颈间，腰部另有两条带子束在背后，下面呈倒三角形，遮过肚脐，达到小腹。材质以棉、丝绸居多。系的带子并不局限于绳，富贵之家多用金链，中等之家多用银链、铜链，平常百姓则用

图 5-3-7　蓝地彩绣花蝶鸟纹肚兜　清代

红色丝绢。"肚兜"上有各类精美的刺绣。红色为"肚兜"常
见的颜色（图 5-3-7、图 5-3-8）。

　　小小的肚兜，天生就是为中国女性而生的，这后面隐藏着
女人一生的圣洁，也隐藏着女人的神秘；与之有关联的诗作也
写尽了女儿的柔情、女儿的妩媚、女儿的芬芳，更写就了女儿
的聪颖。肚兜看似简单，但无论从装饰手法到刺绣工艺，还是
从色彩贴布到纹样造型，都极富创造力，纵情渲染在这小小的
方寸之间。中国传统文化中主张的天、地、人同根同源，平等
和谐的文化观念，也通过这小小的肚兜，在身体上展露出极富
个性的美学思想。

　　但任何时尚都不可能一成不变，再好的东西，也不可能一

图 5-3-8　青地彩绣花蝶纹肚兜　清代

直流行下去，肚兜的命运也如此，在大红大紫数百年后，它终于被压在了老奶奶的箱底。当欧风东渐，西化的脚步铿锵有力地踏在中国的青石板桥、泥泞土路和街头巷尾的时候，法国人在 1904 年发明出来的胸罩，毫不留情地改变了中国肚兜的命运。随着西式内衣的大众普及，肚兜也就成了老人们的回忆了，甚至差点成了博物馆中代表古老文化的永久文物。

　　然而造化弄人，当电影《卧虎藏龙》的女主角章子怡，穿上由奥斯卡"最佳美术指导"叶锦添设计的肚兜，出席 2001 美国 MTV 电影大奖颁奖典礼的时候，小小的一件肚兜竟然让时尚界轰动了！这一穿犹如一夜春风，让如今的"新新都市女孩"们把老奶奶箱底的肚兜化作她们最为垂青的时尚之花。

　　如今，肚兜以其神秘的东方风韵和醇厚的东方文化为基础，巧借"内衣外穿"欧风美雨，成为了时尚界新的宠儿。女孩子们耳熟能详的一些时尚女装品牌，都竞相推出了各种各样的来自肚兜为灵感而设计的款式，以迎合这种时尚。因众多品牌的大肆追捧,促使许多爱美的女孩子们都争相尝试这一惹眼装束。的确,是今天的新女性们,让肚兜从台上走上了台面,让内衣成为了外衣。绚丽的颜色加上抽象的形式,肚兜从旧文化的代表,一跃而成新文化的先锋。无论如何变化,有一点不变的是肚兜代表着东方女性特有的性感。

在东西方文化交融的今天,在这跨时代的美丽"大比拼"中,服饰文化拥有更大的拓展空间,服饰折射出了社会的进步,文化的多样,经济的繁荣,政治的宽松。

(四)古往贤士,笑话绔裈

在中国历史上,魏晋南北朝绝不是兴盛的朝代,但却是极其富有魅力的一个时代。其一是北方民族与中原民族的冲突、交流、互动形成了文化基因的融合,使得这一时期的服饰变化有着突出的表现;其二是在冲突、压制的黑暗中,文士的苦中作乐与个性张扬(图5-4-1)。

绔与裈是古人下体的两种内衣,区别在于绔开裆、裈满裆;先有绔,后有裈。裈有两种形制,一种为短式,像今天的三角短裤一样,称为"犊鼻裈";一种为长式,穿着如今日之衬裤(图5-4-2)。

魏晋时代的刘伶是"竹林七贤"之一,喜酒如命,写有《酒德颂》。《世说新语·任诞》记载了他的独特言语:"刘伶纵酒放达,或脱衣裸形在屋中,人见讥之,伶曰:'我以天地为栋宇,屋室为裈衣。诸君何为入我裈中!'"刘伶是说:我把天地当作我的房子,把屋子当作我的衣裤,诸位为什么跑进我内裤里来了!同样以裈作喻的是阮籍,另一位以放达著称的"竹

图 5-4-1　悠悠自在之士

图 5-4-2　合裆裤　宋代

林七贤"成员之一。《晋书·阮籍传》云:"籍本有济世志,属魏晋之际,天下多故,名士少有全者,籍由是不与世事,遂酣饮为常。""能为青白眼,见礼俗之士,以白眼对之。""嗜酒能啸,善弹琴,当其得意,忽忘形骸。""时率意独驾,不由径路,车迹所穷,辄痛哭而反。"《大人先生传》是阮籍一篇约4000字的长篇之作,采取大人先生和"君子"对话的形式,对"君子"进行无情的鞭挞,把他们的宦海浮沉,比作"虱处裈中":"汝独不见夫虱之处于裈中,逃乎深缝,匿乎坏絮,自以为吉宅也。行不敢离缝际,动不敢出裈裆,自以为得绳墨也。饥则啮人,自以为无穷食也。然炎丘火流,焦邑灭都,群虱死于裈中而不能出。汝君子之处区内,亦何异夫虱之处裈中乎?"古人往往避谈裈、绔,以致后人需要仔细考证才能辨清其形制,阮籍的这段话为我们留下了文字的证据:"动不敢出裈裆"明确地指出了裈之有裆,并且在"逃乎深缝,匿乎坏絮……死于裈中而不能出"中描述了裈裆的封闭特征(图5-4-3、图5-4-4)。

"竹林七贤"之一的阮咸是阮籍的侄儿,他们叔侄二人还为我们留下另一段有关裈的记载。《世说新语·任诞》云:"阮仲容(阮咸)、步兵(阮籍曾任步兵校尉,古人有以官职称人的习惯,故称阮籍为阮步兵)居道南,诸阮居道北。北阮皆富,南阮贫。七月七日,北阮盛晒衣,皆纱罗锦绮。仲容以竿挂大布犊鼻裈于中庭。人或怪之,答曰:'未能免俗,聊复尔耳!'"旧时风俗,七月七日晒衣裳、晾书籍。聚居的阮氏家族中,道南的阮氏富,晾出的都是"纱罗锦绮",而居于道北的阮籍、阮咸叔侄晾出的却是大布裤衩,人们对他们这般放诞颇为责怪,这二位却说,我们"未能免俗",姑且这么做做吧。但这种大肆晒裈虽然率性,但一般人自然以为不雅。唐代李商隐在《杂纂》中把"花下晒裈"列为"杀风景"之举,阮籍、阮咸若在一定抗议。但对于我们来说"花下晒裈"尽管"杀风景",但

图5-4-3　锦男裤　东汉魏晋
此为合裆男裤，短腰，大裆，锦面，棉布衬里。

图5-4-4　穿裤褶的男俑

非常有价值，它让我们知道唐代之"裈"依然特指内裤（图5-4-5、图5-4-6）。

古时稍有家资的人家所着之袴基本是长式之袴，犊鼻裈是贩夫走卒的穿着，而且会作为外衣勇敢地穿出来（图5-4-7）。

以描写文人状貌著称的《世说新语》也为我们留下女子着裈的记录，《世说新语·德行》记载了一段故事："（范）宣洁行廉约，韩豫章遗绢百匹，不受；减五十匹，复不受；如是减半，遂至一匹，既终不受。韩后与范同载，就车中裂二丈与范，云：'人宁可使妇无裈邪？'范笑而受之。"

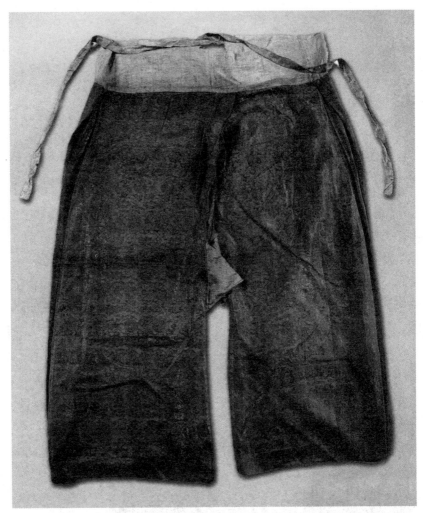

图 5-4-5　绛色缠枝莲绫开档夹裤　元代

这段话是说：范宣品行高洁，为人清廉俭省，有一次，豫章太守韩康伯送给他一百匹绢，他不肯收下；减到五十匹，还是不接受；这样一路减半，终于减至一匹，他到底还是不肯接受。后来韩康伯邀范宣一起坐车，在车上撕了两丈绢给范宣，说：

图 5-4-6　菱形葵花朵纹绸夹套裤

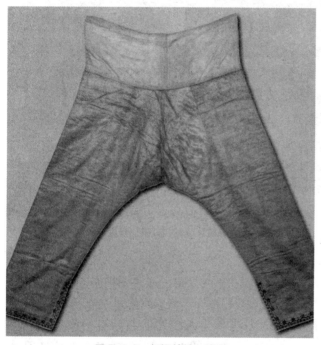

图 5-4-7　绸缎棉裤　清代

　　此棉裤为清代皇帝便服之一，属于一种内外裤兼顾的服饰，既能单独穿用，又可与套裤套穿，在现代的有些北方农村，这种裤子仍为老年人所穿用，俗称挽裆裤。

"一个人难道可以让老婆没有内裤穿吗？"范宣才笑着把绢收下了（图5-4-8）。

范宣是东晋时人，贫寒而品高，以"讲诵为业"，在东晋老庄学说盛行的环境下，是儒家学说的捍卫者和传播人，留下了许多拒受封官厚饷的故事。范宣对"逮晋之初，竞以裸裎为高"颇有微词，和这样的人以老婆的内裤开玩笑需要足够的开

图5-4-8　明黄色绸缎绣灵仙祝寿纹裌裤　清代

这条裌裤为清代皇后便服之一，从裤子上的绣花及裤腿的开衩可以看出，这是一种清代皇后穿着的外用裌裤。

放，却为我们留下了女子着裈的重要旁证。综合这些故事，并通过形象资料的考证，我们对古人下体内衣可以形成一个比较全面的认识。绔是古人下体内衣的主要形式，延至明朝；裈是战国之后出现的满裆内裤，多为兵勇力士及下层劳动者穿用。无论绔裈，都是略有家资的人家穿得起的，无绔无裈是普通百姓的正常状态。到了南北朝时期，女子也把裈作为一种必要的服装，这有可能与裤褶服装的流行有关。其实，在裤褶服装之外，除了个别时期（如宋代一段时期流行的女子外穿满裆裤），在清代之前，裈是穿在长衣之下的，不能外露，最多露出两只裈脚。绔裈也可以合穿，如南宋时代的黄昇墓，尸殓上穿一件合裆之裈，外罩开裆之绔。

"纨绔子弟"一词，纨绔之意泛指有钱人家子弟穿的华美衣着，借指富贵人家的子弟，也是从此演绎得来的。总之，中国古人下体内衣是完备的。

（五）你方唱罢我登场

一个民族能否吸收其他民族服饰的长处，往往取决于民族间关系的状况和民族感情如何。清朝建立之初和灭亡前后汉族对满族服饰的态度，就可见一斑（图5-5-1）。

清人关前，皇太极就教谕后世不得废祖宗时冠服，轻循汉人之俗（《清史稿·舆服志》）。清朝总结辽金元三朝的教训，认为衣冠改用汉唐仪式，是导致"国势渐弱"的原因之一。所以亡明后，清政府用强制手段要汉人剃发辫发，改换清装。顺治二年平江南后，定群臣和生员、耆老顶戴品式，随即下令禁中外军民衣冠不遵国制（《清史稿·世祖纪》）。这在汉族士

图 5-5-1　男子的发辫　清代

民中引起强烈反抗。清初叶梦珠《阅世编》说："本朝于顺治
二年五月克定江南时，郡邑长吏犹循前朝之旧，仍服纱帽圆领
升堂视事，士子公服便服皆如旧式。"直到顺治三年三月，早
年降清、当时总督江南军务的洪承畴大约觉得这种局面颇使自
己难堪，并且对上无法交代，就刊示严禁云："岂有为大清臣
而敢故违君父之命？放肆藐玩，莫此为甚！"杀机一露，那些
当官的才开始辫发，去网巾，衣冠"一如满洲之制"。但是像
杨廷枢那样声称"砍头事小，剃发是大"，从容就义的有之；
像方以智那样宁趋白刃，蔑取官职，最终做和尚的有之；像阎
尔梅那样髡首披僧衣，"饮酒食肉如故"的有之；像王玉藻那
样换上道袍隐居，誓不易清装的有之；像朱之瑜那样出亡日本
二十余年，始终不改明室衣冠的有之；像徐昉那样布衣草鞋，
遁迹山中，终身不入城市的有之。这些人拒穿"满服"，是在
异族暴力下维护本民族尊严正气大义、高风亮节的表现（图
5-5-2）。

　　由于在长达二百六七十年间，满族统治者一方面坚持以本族服饰为"国制"，一方面高度重视继承吸收汉族的传统文化，逐渐使汉族在承认"一朝有一朝衣冠之制"的惯例下，接受了

图 5—5—2　慈安皇后像　清代

图5-5-3　绛紫色缎绣淡彩大洋花地景纹棉马褂　清代

满服是本朝传统服饰的现实（图5-5-3）。

到了辛亥革命以后，"辫子党"对剪辫子尚且顽抗一阵，中国人穿什么样的衣服，就更加难做定论了。鲁迅曾以韦士繇为笔名发表杂文略叙袍褂和洋服之间的微妙起伏,是这样讲的:

几十年来,总有人有时抱怨自己没有合意的衣服穿。清朝末年,带些革命色彩的英雄不但恨辫子,也恨马褂和袍子,因为这是满洲服（图5-5-4）。

革命之后，大家都热衷着洋装，因为大家要维新，要便捷，要腰骨笔挺。少年英俊之徒，不但自己必着洋装，还厌恶别人穿袍子。那时听说竟有人去责问樊山（樊增祥，字樊山）老人，问他为什么要穿满洲的衣裳。樊山回问道："你穿的是哪里的服饰呢？"少年答道:"我穿的是外国服。"樊山道:"我穿的也是外国服。"

这故事颇为传诵一时,让袍褂党扬眉吐气。后来，洋服终于和华人渐渐反目了，不但袁世凯朝就定袍子马褂为日常礼服，五四运动之后，北京大学要整饬校风，规定制服了，请学生们公议，那议决的也是:袍子和马褂（图5-5-5）!

这洋服的遗迹,现在已只残留在摩登男女的身上,恰如辫子小脚,

图 5-5-4　老百姓的普遍穿着旧照　清代

不过偶然还见于顽固男女的身上一般。

恢复古制罢，自黄帝以至宋明的衣裳，一时实难以明白；学戏台上的装束罢，蟒袍玉带，粉底皂靴，坐了摩托车吃番菜，实在也不免有些滑稽。所以改来改去，大约总还是袍子马褂牵稳。虽然也是外国服，但恐怕是不会脱下的了——这实在有些稀奇（《花边文学·洋服的没落》）。

总觉得，文章提到的樊增祥（樊山）把袍子马褂说成是外国服，不是很妥当，混淆了民族和国家的概念。无论是满服也好胡服也罢，甚至其他少数民族的服饰，互相吸取，互相借鉴，海纳百川最后都汇集到我们中华民族服饰宝库中。也正因为服饰的民族特性，我国的服饰才能在世界舞台上独树一帜（图5-5-6）。

图 5-5-5　铜版画　上海街头

图 5-5-6　国学研究院　油画　陈丹青
　　此图表现了赵元任、梁启超、王国维、陈寅恪、吴宓五位民国时期的国学家不同的服饰穿着，有的穿长衫马褂，也有着西装，反映出当时知识分子的服饰情况。

参考文献

[1] 宗白华 . 美学散步 [M] . 上海：上海人民出版社，1981.

[2] 华梅 . 人类服饰文化学 [M] . 天津：天津人民出版社，1995.

[3] 李泽厚 . 美的历程 [M] . 天津：天津社会科学院出版社，2001.

[4] 华梅 . 服饰与中国文化 [M] . 北京：人民出版社，2001.

[5] 凌继尧 . 美学十五讲 [M] . 北京：北京大学出版社，2003.

[6] 华梅，要彬 . 西方服装史 [M] . 北京：中国纺织出版社，2003.

[7] 朱光潜 . 文艺心理学 [M] . 上海：复旦大学出版社，2006.

[8] 华梅 . 服饰文化全览 [M] . 天津：天津古籍出版社，2007.

[9] 王维堤 . 中国服饰文化 [M] . 上海：上海古籍出版社，2001.

[10] 华梅 . 服饰民俗学 [M] . 北京：中国纺织出版社，2004.

[11] 杨超 . 霓裳：华衣美服的形色妖娆 [M] . 天津：天津

科技翻译出版公司，2006.

[12] 霍仲滨. 洗尽铅华：服饰文化与成语 [M]. 北京：首都师范大学出版社. 2006.

[13] 楼慧珍等. 中国传统服饰文化 [M]. 上海：东华大学出版社，2003.

[14] 赵玫. 上官婉儿 [M]. 武汉：长江文艺出版社，2001.

[15] 诸葛铠等. 文明的轮回：中国服饰文化的历程 [M]. 北京：中国纺织出版社，2007.

[16] 戴仕熊. 服饰文化沙龙 [M]. 北京：中国轻工业出版社，1997.

[17] 陈茂同. 中国历代衣冠服饰制 [M]. 天津：百花文艺出版社，2005.

[18] 鸿宇. 服饰 [M]. 北京：宗教文化出版社，2004.

[19] 沈从文. 中国古代服饰研究 [M]. 上海：上海书店出版社，2005.

[20] 天津人民美术出版社. 中国织绣服饰全集 [M]. 天津：天津人民美术出版社，2004.

[21] 赵丰. 中国丝绸艺术史 [M]. 北京：文物出版社，2005.

[22] 颜湘君. 中国古代小说服饰描写研究 [M]. 上海：上海书店出版社，2007.

[23] 潘建华. 云缕心衣：中国古代内衣文化 [M]. 上海：上海古籍出版社，2005.

[24] 罗一平. 中国美术史中的人物图像 [M]. 广州：岭南美术出版社，2006.

[25] 张冠印. 中国人物画史 [M]. 北京：文化艺术出版社，2002.

观服饰之美（代后记）

　　中国素有"衣冠王国"的美誉，中国传统服饰和世界其他国家与民族的服饰美学思想是有所不同的。以希腊为源头的西方服饰美学思想注重的是随体的美，西方人服饰观念追求的是在御寒、遮体的实用功能之外，彰显的是自然体形的美学效果。而中国古代服饰在思想观念方面除了御寒、遮体的功能之外，更多体现的则是"天人合一"、社会伦理道德以及等级方面的内容。

　　在人类文明发展较成熟时期，中国服饰的文化价值越见明显，甚至凌驾于实用之上。墨子说："其为衣服，非为身体，皆为观好。"这很好地说明了在古人眼里，服饰已经不完全是一层裹躯之布，而是在物质层面之上体现、融合了精神层面的文化内涵。追溯历史，从古代服饰上，我们可以看出时代的精神风貌；也可以从历史文明的变迁中寻找服饰风格的发展轨迹。纵观服饰在中国古代的演变进程，我们可以看出，服饰与社会文明进步和意识形态发展变化休戚相关。在原始社会和奴隶社会初期，由于物质生产的匮乏，文化不够发达，服饰功能强调以"用"为主。随着社会文明的发展和完善，服饰也越来越成为一种国家和社会意识的载体。

　　在封建社会发展达到鼎盛时期，如唐朝，思想的开放，物质的丰裕使服饰开始重视审美功能，服饰体现出了富有生命力和欣欣向荣之气象；安史之乱后，整个封建社会开始走下坡路，与之相适应的是服饰也开始呈现出了衰退和停滞。直至宋代及其之后，保守、拘谨和对人性的压抑，直接影响着服饰，甚至一直延续到封建王朝的结束。

由此可以看出，服饰这一层薄薄之布承载的不仅仅是一具血肉之躯，它还承载着华夏五千年的文明和历史，体现着我们华夏民族的精神和意识。衣着服饰更是人们思想、心态、习俗、观念的直观反映。它反映了一个时代或某个人的精神风貌和内心世界。中国服饰从传统的等级服饰向西式开放服饰演变，打破了传统文化的审美理想。服饰的变迁不仅仅只是服饰的变迁，更是思想解放的一部分。如今，我们进入了新时代，弘扬中华优秀传统文化，文化自信必将提振和带动服饰文化的繁荣。

王春晓：1981 年生于天津市，华梅服饰文化研究所成员，现任南开大学滨海学院艺术系教师，长期从事服装与服饰设计专业教学及科学研究，曾撰写专业著作《服饰与伦理》《服饰与自然》《服饰与竞技》三部，在专业核心期刊发表论文五篇，作品多次入选国际国内重要展览赛事并获奖。